工程量清单编制实例详解丛书

园林绿化工程工程量清单编制实例详解

王景怀　王军霞　常文见　王景文　主编

中国建筑工业出版社

图书在版编目（CIP）数据

园林绿化工程工程量清单编制实例详解/王景怀，王军霞，常文见，王景文主编． —北京：中国建筑工业出版社，2016.2
（工程量清单编制实例详解丛书）
ISBN 978-7-112-18907-6

Ⅰ.①园… Ⅱ.①王…②王…③常…④王… Ⅲ.①园林-绿化-工程造价 Ⅳ.①TU986.3

中国版本图书馆CIP数据核字（2016）第313235号

本书依据现行国家标准《建设工程工程量清单计价规范》GB 50500—2013的规定，将《园林绿化工程工程量计算规范》GB 50858—2013相对于原国家标准《建设工程工程量清单计价规范》GB 50500—2008附录E在项目编码、项目名称、项目特征、计量单位、工程量计算规则、工作内容等六项变化汇总列表，方便读者查阅；同时，通过列举典型的工程量清单编制实例，强化工程量的计算和清单编制环节，帮助读者学习和应用新规范。

本书包括绿化工程，园路、园桥工程，园林景观工程与措施项目，工程量清单编制综合实例等4章内容。

本书可供工程建设施工、工程承包、房地产开发、工程保险、勘察设计、监理咨询、造价、招投标等单位从事造价工作的人员和相关专业工程技术人员学习参考，也可作为以上从业人员短期培训、继续教育的培训教材和大专院校相关专业师生的参考用书。

* * *

责任编辑：郦锁林　赵晓菲　毕凤鸣
责任设计：董建平
责任校对：赵　颖　刘梦然

工程量清单编制实例详解丛书

园林绿化工程工程量清单编制实例详解

王景怀　王军霞　常文见　王景文　主编

*

中国建筑工业出版社出版、发行（北京西郊百万庄）
各地新华书店、建筑书店经销
北京科地亚盟排版公司制版
北京圣夫亚美印刷有限公司印刷

*

开本：787×1092毫米　1/16　印张：7¾　字数：192千字
2016年6月第一版　　2016年6月第一次印刷
定价：**18.00**元
ISBN 978-7-112-18907-6
（28138）

版权所有　翻印必究
如有印装质量问题，可寄本社退换
（邮政编码 100037）

前　言

自 2013 年 7 月 1 日起实施的国家标准《房屋建筑与装饰工程工程量计算规范》GB 50854—2013、《仿古建筑工程工程量计算规范》GB 50855—2013、《通用安装工程工程量计算规范》GB 50856—2013、《市政工程工程量计算规范》GB 50857—2013、《园林绿化工程工程量计算规范》GB 50858—2013、《矿山工程工程量计算规范》GB 50859—2013、《构筑物工程工程量计算规范》GB 50860—2013、《城市轨道交通工程工程量计算规范》GB 50861—2013、《爆破工程工程量计算规范》GB 50862—2013 等 9 个专业工程量计算规范，是在原国家标准《建设工程工程量清单计价规范》GB 50500—2008 的基础上修订而成，共设置 3915 个工程量计算项目，新增 2185 个项目，减少 350 个项目；各专业工程工程量计算规范与《建设工程工程量清单计价规范》GB 50500—2013 配套使用，形成工程全新的计价、计量标准体系。该标准体系将为深入推行工程量清单计价，建立市场形成工程造价机制奠定坚实基础，并对维护建设市场秩序，规范建设工程发承包双方的计价行为，促进建设市场的健康发展发挥重要作用。

准确理解和掌握该标准体系的变化内容并应用于工程量清单编制实践中，是新形势下造价从业人员做好专业工作的关键，也是造价从业人员入门培训取证考试的重点和难点。为使广大工程造价工作者和相关专业工程技术人员快速查阅、深入理解和掌握以上各专业工程量计算规范的变化内容，满足工程量清单计量计价的实际需要，切实提高建设项目工程造价控制管理水平，中国建筑工业出版社组织编写了本书。

本书以工程量清单编制为主线，以实例的详图详解详表为手段，辅以工程量计算依据的变化内容的速查，方便读者学以致用。

本书编写过程中，得到了中国建筑工业出版社郦锁林老师的支持和帮助，同时，对本书引用、参考和借鉴的国家标准及文献资料的作者及相关组织、机构，深表谢意。此外，陈立平、高升、贾小东、姜学成、姜宇峰、李海龙、吕铮、孟健、齐兆武、阮娟、王彬、王春武、王继红、王立春、魏凌志、杨天宇、于忠伟、张会宾、赵福胜、周丽丽、祝海龙、祝教纯为本书付出了辛勤的劳动，一并致谢。

限于编者对 2013 版计价规范和各专业工程量计算规范学习和理解的深度不够和实践经验的局限，加之时间仓促，书中难免有缺点和不足，诚望读者提出宝贵意见或建议（E-mail：edit8277@163.com）。

编者
2015.10

目 录

1 绿化工程 1
  1.1 工程量计算依据六项变化及说明 1
    1.1.1 绿地整理 1
    1.1.2 栽植花木 4
    1.1.3 绿地喷灌 9
  1.2 工程量清单编制实例 10
    1.2.1 实例1-1 10
    1.2.2 实例1-2 12
    1.2.3 实例1-3 13
    1.2.4 实例1-4 15

2 园路、园桥工程 22
  2.1 工程量计算依据六项变化及说明 22
    2.1.1 园路、园桥工程 22
    2.1.2 驳岸、护岸 26
  2.2 工程量清单编制实例 28
    2.2.1 实例2-1 28
    2.2.2 实例2-2 28
    2.2.3 实例2-3 30
    2.2.4 实例2-4 33
    2.2.5 实例2-5 35

3 园林景观工程与措施项目 38
  3.1 园林景观工程工程量计算依据六项变化及说明 39
    3.1.1 堆塑假山 39
    3.1.2 原木、竹构件 41
    3.1.3 亭廊屋面 42
    3.1.4 花架 45
    3.1.5 园林桌椅 47
    3.1.6 喷泉安装 50
    3.1.7 杂项 51
    3.1.8 相关问题及说明 56

目 录

- 3.2 措施项目 ··· 56
  - 3.2.1 脚手架工程 ·· 56
  - 3.2.2 模板工程 ·· 57
  - 3.2.3 树木支撑架、草绳绕树干、搭设遮阴（防寒）棚工程 ········· 58
  - 3.2.4 围堰、排水工程 ·· 58
  - 3.2.5 安全文明施工及其他措施项目 ······································· 59
- 3.3 工程量清单编制实例 ·· 61
  - 3.3.1 实例 3-1 ·· 61
  - 3.3.2 实例 3-2 ·· 61
  - 3.3.3 实例 3-3 ·· 66
  - 3.3.4 实例 3-4 ·· 69
  - 3.3.5 实例 3-5 ·· 72

4 工程量清单编制综合实例 ··· 76
- 4.1 实例 4-1 ··· 76
- 4.2 实例 4-2 ··· 80
- 4.3 实例 4-3 ··· 88
- 4.4 实例 4-4 ··· 101
- 4.5 实例 4-5 ··· 107

参考文献 ··· 118

1 绿 化 工 程

针对《园林绿化工程工程量计算规范》GB 50858—2013（以下简称"13规范"）、《建设工程工程量清单计价规范》GB 50500—2008（以下简称"08规范"），"13规范"在项目编码、项目名称、项目特征、计量单位、工程量计算规则、工作内容等方面，均有变化。

1. 清单项目变化

"13规范"与"08规范"，绿化工程增加11个项目，具体如下：

（1）绿地整理：将砍伐乔木、挖树根（蔸）分拆成两个项目。增加清除地被植物、屋面清理、种植土回（换）填、绿地起坡造型等项目。

（2）栽植花木：增加垂直墙体绿化种植、花卉立体布置、植草砖内植草（籽）、挂网、箱/钵栽植等项目。

（3）绿地喷灌：将喷灌设施一项拆分成喷灌管线安装及喷灌配件安装两项。

2. 应注意的问题

（1）"13规范"另外增加以下内容：

1）冠径又称冠幅应为苗木冠丛垂直投影面的最大直径和最小直径之间的平均值。

2）蓬径应为灌木、灌丛垂直投影面的直径。

3）地径应为地表面向上0.1m高处树干直径。

4）干径应为地表面向上0.3m高处树干直径。

5）苗木移（假）植应按花木栽植相关项目单独编码列项。

6）土球包裹材料、树体输液保湿及喷洒生根剂等费用应包含在相应项目内。

（2）种植施工期间的养护属于正常的种植工序，栽植花木项目的"养护期应为招标文件中要求苗木种植结束后承包人负责养护的时间"。

（3）发包人如有成活率要求时，应在特征描述中加以描述。

1.1 工程量计算依据六项变化及说明

1.1.1 绿地整理

绿地整理工程量清单项目设置、项目特征描述的内容、计量单位、工程量计算规则等的变化对照情况，见表1-1。

绿地整理（编码：050101）　　　　表1-1

序号	版别	项目编码	项目名称	项目特征	工程量计算规则	工作内容
1	13规范	050101001	砍伐乔木	树干胸径	按数量计算（计量单位：株）	1. 砍伐； 2. 废弃物运输； 3. 场地清理

续表

序号	版别	项目编码	项目名称	项目特征	工程量计算规则	工作内容
1	13规范	050101002	挖树根（蔸）	地径	按数量计算（计量单位：株）	1. 挖树根； 2. 废弃物运输； 3. 场地清理
	08规范	050101001	伐树、挖树根	树干胸径		1. 伐树、挖树根； 2. 废弃物运输； 3. 场地清理
	说明：项目名称拆分为"砍伐乔木"和"挖树根（蔸）"。项目特征描述新增"地径"。工作内容新增"砍伐"，将原来的"伐树、挖树根"简化为"挖树根"					
2	13规范	050101003	砍挖灌木丛及根	丛高或蓬径	1. 以株计量，按数量计算（计量单位：株）； 2. 以平方米计量，按面积计算（计量单位：m²）	1. 砍挖； 2. 废弃物运输； 3. 场地清理
	08规范	050101002	砍挖灌木丛	丛高	按数量计算（计量单位：株或株丛）	1. 灌木砍挖； 2. 废弃物运输； 3. 场地清理
	说明：项目特征描述扩展为"丛高或蓬径"。项目特征描述将原来的"丛高"扩展为"丛高或蓬径"。工程量计算规则新增"以平方米计量，按面积计算（计量单位：m²）"。工作内容将原来的"灌木砍挖"简化为"砍挖"					
3	13规范	050101004	砍挖竹及根	根盘直径	按数量计算（计量单位：株或株丛）	1. 砍挖； 2. 废弃物运输； 3. 场地清理
	08规范	050101003	挖竹根	根盘直径		1. 砍挖竹根； 2. 废弃物运输； 3. 场地清理
	说明：项目名称扩展为"砍挖竹及根"。工作内容将原来的"砍挖竹根"简化为"砍挖"					
4	13规范	050101005	砍挖芦苇（或其他水生植物）及根	根盘丛径	按面积计算（计量单位：m²）	1. 砍挖； 2. 废弃物运输； 3. 场地清理
	08规范	050101004	挖芦苇根	丛高		1. 苇根砍挖； 2. 废弃物运输； 3. 场地清理
	说明：项目名称修改为"砍挖芦苇（或其他水生植物）及根"。项目特征描述将原来的"丛高"扩展为"丛高或蓬径"。工作内容将原来的"苇根砍挖"简化为"砍挖"					
5	13规范	050101006	清除草皮	草皮种类	按面积计算（计量单位：m²）	1. 除草； 2. 废弃物运输； 3. 场地清理
	08规范	050101005	清除草皮	丛高		
	说明：项目特征描述将原来的"丛高"修改为"草皮种类"					

1 绿化工程

续表

序号	版别	项目编码	项目名称	项目特征	工程量计算规则	工作内容
6	13规范	050101007	清除地被植物	植物种类	按面积计算（计量单位：m²）	1. 清除植物； 2. 废弃物运输； 3. 场地清理
	08规范	—	—	—	—	—
	说明：新增项目内容					
7	13规范	050101008	屋面清理	1. 屋面做法； 2. 屋面高度	按设计图示尺寸以面积计算（计量单位：m²）	1. 原屋面清扫； 2. 废弃物运输； 3. 场地清理
	08规范	—	—	—	—	—
	说明：新增项目内容					
8	13规范	050101009	种植土回（换）填	1. 回填土质要求； 2. 取土运距； 3. 回填厚度； 4. 弃土运距	1. 以立方米计量，按设计图示回填面积乘以回填厚度以体积计算（计量单位：m³）； 2. 以株计量，按设计图示数量计算（计量单位：株）	1. 土方挖、运； 2. 回填； 3. 找平、找坡； 4. 废弃物运输
	08规范	—	—	—	—	—
	说明：新增项目内容					
9	13规范	050101010	整理绿化用地	1. 回填土质要求； 2. 取土运距； 3. 回填厚度； 4. 找平找坡要求； 5. 弃渣运距	按设计图示尺寸以面积计算（计量单位：m²）	1. 排地表水； 2. 土方挖、运； 3. 耙细、过筛； 4. 回填； 5. 找平、找坡； 6. 拍实； 7. 废弃物运输
	08规范	050101006	整理绿化用地	1. 土壤类别； 2. 土质要求； 3. 取土运距； 4. 回填厚度； 5. 弃渣运距		1. 排地表水； 2. 土方挖、运； 3. 耙细、过筛； 4. 回填； 5. 找平、找坡； 6. 拍实
	说明：项目特征描述新增"找平找坡要求"，将原来的"土质要求"扩展为"回填土质要求"，删除原来的"土壤类别"。工作内容新增"废弃物运输"					
10	13规范	050101011	绿地起坡造型	1. 回填土质要求； 2. 取土运距； 3. 起坡平均高度	按设计图示尺寸以体积计算（计量单位：m³）	1. 排地表水； 2. 土方挖、运； 3. 耙细、过筛； 4. 回填； 5. 找平、找坡； 6. 废弃物运输
	08规范	—	—	—	—	—
	说明：新增项目内容					

续表

序号	版别	项目编码	项目名称	项目特征	工程量计算规则	工作内容
11	13规范	050101012	屋顶花园基底处理	1. 找平层厚度、砂浆种类、强度等级； 2. 防水层种类、做法； 3. 排水层厚度、材质； 4. 过滤层厚度、材质； 5. 回填轻质土厚度、种类； 6. 屋面高度； 7. 阻根层厚度、材质、做法	按设计图示尺寸以面积计算（计量单位：m²）	1. 抹找平层； 2. 防水层铺设； 3. 排水层铺设； 4. 过滤层铺设； 5. 填轻质土壤； 6. 阻根层铺设； 7. 运输
	08规范	050101007	屋顶花园基底处理	1. 找平层厚度、砂浆种类、强度等级； 2. 防水层种类、做法； 3. 排水层厚度、材质； 4. 过滤层厚度、材质； 5. 回填轻质土厚度、种类； 6. 屋顶高度； 7. 垂直运输方式		1. 抹找平层； 2. 防水层铺设； 3. 排水层铺设； 4. 过滤层铺设； 5. 填轻质土壤； 6. 运输

说明：项目特征描述新增"阻根层厚度、材质、做法"，删除原来的"垂直运输方式"。工作内容新增"阻根层铺设"

注：整理绿化用地项目包含厚度≤300mm回填土，厚度＞300mm回填土，应按现行国家标准《房屋建筑与装饰工程工程量计算规范》GB 50854—2013相应项目编码列项。

1.1.2 栽植花木

栽植花木工程量清单项目设置、项目特征描述的内容、计量单位、工程量计算规则等的变化对照情况，见表1-2。

栽植花木（编码：050102） 表1-2

序号	版别	项目编码	项目名称	项目特征	工程量计算规则	工作内容
1	13规范	050102001	栽植乔木	1. 种类； 2. 胸径或干径； 3. 株高、冠径； 4. 起挖方式； 5. 养护期	按设计图示数量计算（计量单位：株）	1. 起挖； 2. 运输； 3. 栽植； 4. 养护
	08规范	050102001	栽植乔木	1. 乔木种类； 2. 乔木胸径； 3. 养护期	按设计图示数量计算（计量单位：株或株丛）	1. 起挖； 2. 运输； 3. 栽植； 4. 支撑； 5. 草绳绕树干； 6. 养护

说明：项目特征描述新增"株高、冠径"和"起挖方式"，将原来的"乔木种类"简化为"种类"，"乔木胸径"修改为"胸径或干径"。工程量计算规则将原来的"株或株丛"简化为"株"。工作内容删除原来的"支撑"和"草绳绕树干"

续表

序号	版别	项目编码	项目名称	项目特征	工程量计算规则	工作内容
2	13规范	050102002	栽植灌木	1. 种类； 2. 根盘直径； 3. 冠丛高； 4. 蓬径； 5. 起挖方式； 6. 养护期	1. 以株计量，按设计图示数量计算（计量单位：株）； 2. 以平方米计量，按设计图示尺寸以绿化水平投影面积计算（计量单位：m²）	1. 起挖； 2. 运输； 3. 栽植； 4. 养护
	08规范	050102004	栽植灌木	1. 灌木种类； 2. 冠丛高； 3. 养护期	按设计图示数量计算（计量单位：株）	1. 起挖； 2. 运输； 3. 栽植； 4. 支撑； 5. 草绳绕树干； 6. 养护
	说明：项目特征描述新增"根盘直径"、"蓬径"和"起挖方式"，将原来的"灌木种类"简化为"种类"。工程量计算规则新增"以平方米计量，按设计图示尺寸以绿化水平投影面积计算（计量单位：m²）"。工作内容删除原来的"支撑"和"草绳绕树干"					
3	13规范	050102003	栽植竹类	1. 竹种类； 2. 竹胸径或根盘丛径； 3. 养护期	按设计图示数量计算（计量单位：株或丛）	1. 起挖； 2. 运输； 3. 栽植； 4. 养护
	08规范	050102002	栽植竹类	1. 竹种类； 2. 竹胸径； 3. 养护期		1. 起挖； 2. 运输； 3. 栽植； 4. 支撑； 5. 草绳绕树干； 6. 养护
	说明：项目特征描述将原来的"竹胸径"扩展为"竹胸径或根盘丛径"。工作内容删除原来的"支撑"和"草绳绕树干"					
4	13规范	050102004	栽植棕榈类	1. 种类； 2. 株高、地径； 3. 养护期	按设计图示数量计算（计量单位：株）	1. 起挖； 2. 运输； 3. 栽植； 4. 养护
	08规范	050102003	栽植棕榈类	1. 棕榈种类； 2. 株高； 3. 养护期		1. 起挖； 2. 运输； 3. 栽植； 4. 支撑； 5. 草绳绕树干； 6. 养护
	说明：项目特征描述将原来的"株高"扩展为"株高、地径"，将原来的"棕榈种类"简化为"种类"。工作内容删除原来的"支撑"和"草绳绕树干"					

续表

序号	版别	项目编码	项目名称	项目特征	工程量计算规则	工作内容
5	13规范	050102005	栽植绿篱	1. 种类； 2. 篱高； 3. 行数、蓬； 4. 单位面积株数； 5. 养护期	1. 以米计量，按设计图示长度以延长米计算（计量单位：m）； 2. 以平方米计量，按设计图示尺寸以绿化水平投影面积计算（计量单位：m^2）	1. 起挖； 2. 运输； 3. 栽植； 4. 养护
	08规范	050102005	栽植绿篱	1. 绿篱种类； 2. 篱高； 3. 行数、株距； 4. 养护期	按设计图示以长度或面积计算（计量单位：m 或 m^2）	1. 起挖； 2. 运输； 3. 栽植； 4. 支撑； 5. 草绳绕树干； 6. 养护
	说明：项目特征描述新增"单位面积株数"，将原来的"绿篱种类"简化为"种类"。工程量计算规则拆分说明。工作内容删除原来的"支撑"和"草绳绕树干"					
6	13规范	050102006	栽植攀缘植物	1. 植物种类； 2. 地径； 3. 单位长度株数； 4. 养护期	1. 以株计量，按设计图示数量计算（计量单位：株）； 2. 以米计量，按设计图示种植长度以延长米计算（计量单位：m）	1. 起挖； 2. 运输； 3. 栽植； 4. 养护
	08规范	050102006	栽植攀缘植物	1. 植物种类； 2. 养护期	按设计图示数量计算（计量单位：株）	1. 起挖； 2. 运输； 3. 栽植； 4. 支撑； 5. 草绳绕树干； 6. 养护
	说明：项目特征描述新增"地径"和"单位长度株数"。工程量计算规则新增"以米计量，按设计图示种植长度以延长米计算（计量单位：m）"。工作内容删除原来的"支撑"和"草绳绕树干"					
7	13规范	050102007	栽植色带	1. 苗木、花卉种类； 2. 株高或蓬径； 3. 单位面积株数； 4. 养护期	按设计图示尺寸以绿化水平投影面积计算（计量单位：m^2）	1. 起挖； 2. 运输； 3. 栽植； 4. 养护
	08规范	050102007	栽植色带	1. 苗木种类； 2. 苗木株高、株距； 3. 养护期	按设计图示尺寸以面积计算（计量单位：m^2）	1. 起挖； 2. 运输； 3. 栽植； 4. 支撑； 5. 草绳绕树干； 6. 养护
	说明：项目特征描述新增"单位面积株数"，将原来的"苗木种类"扩展为"苗木、花卉种类"，"苗木株高、株距"修改为"株高或蓬径"。工程量计算规则将原来的"以面积计算"修改为"以绿化水平投影面积计算"。工作内容删除原来的"支撑"和"草绳绕树干"					

1 绿化工程

续表

序号	版别	项目编码	项目名称	项目特征	工程量计算规则	工作内容
8	13规范	050102008	栽植花卉	1. 花卉种类； 2. 株高或蓬径； 3. 单位面积株数； 4. 养护期	1. 以株（丛、缸）计量，按设计图示数量计算（计量单位：株或丛、缸）； 2. 以平方米计量，按设计图示尺寸以水平投影面积计算（计量单位：m²）	1. 起挖； 2. 运输； 3. 栽植； 4. 养护
	08规范	050102008	栽植花卉	1. 花卉种类、株距； 2. 养护期	按设计图示数量或面积计算（计量单位：株或m²）	1. 起挖； 2. 运输； 3. 栽植； 4. 支撑； 5. 草绳绕树干； 6. 养护
	说明：项目特征描述新增"株高或蓬径"和"单位面积株数"，原来的"花卉种类、株距"简化为"花卉种类"。工程量计算规则拆分说明。工作内容删除原来的"支撑"和"草绳绕树干"					
9	13规范	050102009	栽植水生植物	1. 植物种类； 2. 株高或蓬径或芽数/株； 3. 单位面积株数； 4. 养护期	1. 以株（丛、缸）计量，按设计图示数量计算（计量单位：丛或缸）； 2. 以平方米计量，按设计图示尺寸以水平投影面积计算（计量单位：m²）	1. 起挖； 2. 运输； 3. 栽植； 4. 养护
	08规范	050102009	栽植水生植物	1. 植物种类； 2. 养护期	按设计图示数量或面积计算（计量单位：丛或m²）	1. 起挖； 2. 运输； 3. 栽植； 4. 支撑； 5. 草绳绕树干； 6. 养护
	说明：项目特征描述新增"株高或蓬径或芽数/株"和"单位面积株数"。工程量计算规则拆分说明。工作内容删除原来的"支撑"和"草绳绕树干"					
10	13规范	050102010	垂直墙体绿化种植	1. 植物种类； 2. 生长年数或地（干）径； 3. 栽植容器材质、规格； 4. 栽植基质种类、厚度； 5. 养护期	1. 以平方米计量，按设计图示尺寸以绿化水平投影面积计算（计量单位：m²）； 2. 以米计量，按设计图示种植长度以延长米计算（计量单位：m）	1. 起挖； 2. 运输； 3. 栽植容器安装； 4. 栽植； 5. 养护
	08规范	—	—	—	—	—
	说明：新增项目内容					

续表

序号	版别	项目编码	项目名称	项目特征	工程量计算规则	工作内容
11	13规范	050102011	花卉立体布置	1. 草本花卉种类； 2. 高度或蓬径； 3. 单位面积株数； 4. 种植形式； 5. 养护期	1. 以单体（处）计量，按设计图示数量计算（计量单位：单体或处）； 2. 以平方米计量，按设计图示尺寸以面积计算（计量单位：m²）	1. 起挖； 2. 运输； 3. 栽植； 4. 养护
	08规范	—	—	—	—	—
	说明：新增项目内容					
12	13规范	050102012	铺种草皮	1. 草皮种类； 2. 铺种方式； 3. 养护期	按设计图示尺寸以绿化投影面积计算（计量单位：m²）	1. 起挖； 2. 运输； 3. 铺底砂（土）； 4. 栽植； 5. 养护
	08规范	050102010	铺种草皮		按设计图示尺寸以面积计算（计量单位：m²）	1. 起挖； 2. 运输； 3. 栽植； 4. 支撑； 5. 草绳绕树干； 6. 养护
	说明：工程量计算规则将原来的"以面积计算"修改为"以绿化水平投影面积计算"。工作内容新增"铺底砂（土）"，删除原来的"支撑"和"草绳绕树干"					
13	13规范	050102013	喷播植草（灌木）籽	1. 基层材料种类规格； 2. 草（灌木）籽种类； 3. 养护期	按设计图示尺寸以绿化投影面积计算（计量单位：m²）	1. 基层处理； 2. 坡地细整； 3. 喷播； 4. 覆盖； 5. 养护
	08规范	050102011	喷播植草	1. 草籽种类； 2. 养护期	按设计图示尺寸以面积计算（计量单位：m²）	1. 坡地细整； 2. 阴坡； 3. 草籽喷播； 4. 覆盖； 5. 养护
	说明：项目名称扩展为"喷播植草（灌木）籽"。项目特征描述新增"基层材料种类规格"，将原来的"草籽种类"扩展为"草（灌木）籽种类"。工程量计算规则将原来的"以面积计算"修改为"以绿化水平投影面积计算"。工作内容新增"基层处理"，将原来的"草籽喷播"简化为"喷播"，删除原来的"阴坡"					
14	13规范	050102014	植草砖内植草	1. 草坪种类； 2. 养护期	按设计图示尺寸以绿化投影面积计算（计量单位：m²）	1. 起挖； 2. 运输； 3. 覆土（砂）； 4. 铺设； 5. 养护
	08规范	—	—	—	—	—
	说明：新增项目内容					

续表

序号	版别	项目编码	项目名称	项目特征	工程量计算规则	工作内容
15	13规范	050102015	挂网	1. 种类； 2. 规格	按设计图示尺寸以挂网投影面积计算（计量单位：m^2）	1. 制作； 2. 运输； 3. 安放
	08规范	—	—	—	—	—
	说明：新增项目内容					
16	13规范	050102016	箱/钵栽植	1. 箱/钵体材料品种； 2. 箱/钵外形尺寸； 3. 栽植植物种类、规格； 4. 土质要求； 5. 防护材料种类； 6. 养护期	按设计图示箱/钵数量计算（计量单位：个）	1. 制作； 2. 运输； 3. 安放； 4. 栽植； 5. 养护
	08规范	—	—	—	—	—
	说明：新增项目内容					

注：1. 挖土外运、借土回填、挖（凿）土（石）方应包括在相关项目内。
2. 苗木计算应符合下列规定：
1) 胸径应为地表面向上1.2m高处树干直径。
2) 冠径又称冠幅，应为苗木冠丛垂直投影面的最大直径和最小直径之间的平均值。
3) 蓬径应为灌木、灌丛垂直投影面的直径。
4) 地径应为地表面向上0.1m高处树干直径。
5) 干径应为地表面向上0.3m高处树干直径。
6) 株高应为地表面至树顶端的高度。
7) 冠丛高应为地表面至乔（灌）木顶端的高度。
8) 篱高应为地表面至绿篱顶端的高度。
9) 养护期应为招标文件中要求苗木种植结束后承包人负责养护的时间。
3. 苗木移（假）植应按花木栽植相关项目单独编码列项。
4. 土球包裹材料、树体输液保湿及喷洒生根剂等费用包含在相应项目内。
5. 墙体绿化浇灌系统按表1-33绿地喷灌相关项目单独编码列项。
6. 发包人如有成活率要求时，应在特征描述中加以描述。

1.1.3 绿地喷灌

绿地喷灌工程量清单项目设置、项目特征描述的内容、计量单位、工程量计算规则等的变化对照情况，见表1-3。

绿地喷灌（编码：050103）　　　　　　　表1-3

序号	版别	项目编码	项目名称	项目特征	工程量计算规则	工作内容
1	13规范	050103001	喷灌管线安装	1. 管道品种、规格； 2. 管件品种、规格； 3. 管道固定方式； 4. 防护材料种类； 5. 油漆品种、刷漆遍数	按设计图示管道中心线长度以延长米计算，不扣除检查（阀门）井、阀门、管件及附件所占的长度（计量单位：m）	1. 管道铺设； 2. 管道固筑； 3. 水压试验； 4. 刷防护材料、油漆

续表

序号	版别	项目编码	项目名称	项目特征	工程量计算规则	工作内容
1	13规范	050103002	喷灌配件安装	1. 管道附件、阀门、喷头品种、规格； 2. 管道附件、阀门、喷头固定方式； 3. 防护材料种类； 4. 油漆品种、刷漆遍数	按设计图示数量计算（计量单位：个）	1. 管道附件、阀门、喷头安装； 2. 水压试验； 3. 刷防护材料、油漆
	08规范	050103001	喷灌设施	1. 土石类别； 2. 阀门井材料种类、规格； 3. 管道品种、规格、长度； 4. 管件、阀门、喷头品种、规格、数量； 5. 感应电控装置品种、规格、品牌； 6. 管道固定方式； 7. 防护材料种类； 8. 油漆品种、刷漆遍数	按设计图示尺寸以长度计算（计量单位：m）	1. 挖土石方； 2. 阀门井砌筑； 3. 管道铺设； 4. 管道固筑； 5. 感应电控设施安装； 6. 水压试验； 7. 刷防护材料、油漆； 8. 回填

说明：项目名称拆分为"喷灌管线安装"和"喷灌配件安装"。项目特征描述"喷灌管线安装"将原来的"管道品种、规格、长度"简化为"管道品种、规格"，"管件、阀门、喷头品种、规格、数量"简化为"管件品种、规格"，删除原来的"土石类别"、"阀门井材料种类、规格"和"感应电控装置品种、规格、品牌"；"喷灌配件安装"将原来的"管道品种、规格、长度"修改为"管道附件、阀门、喷头品种、规格"和"管道附件、阀门、喷头固定方式"，删除原来的"土石类别"、"阀门井材料种类、规格"、"管件、阀门、喷头品种、规格、数量"、"感应电控装置品种、规格、品牌"和"管道固定方式"。工程量计算规则新增"按设计图示数量计算（计量单位：个）"。工作内容新增"管道附件、阀门、喷头安装"，删除原来的"挖土石方"、"阀门井砌筑"、"感应电控设施安装"和"回填"

注：1. 挖填土石方应按现行国家标准《房屋建筑与装饰工程工程量计算规范》GB 50854—2013附录A土（石）方工程相关项目编码列项。
2. 阀门井应按现行国家标准《市政工程工程量计算规范》GB 50857—2013相关项目编码列项。

1.2 工程量清单编制实例

1.2.1 实例1-1

1. 背景资料

某公园绿地喷灌设施，从供水主管接出分管为48m管外径ϕ32，从分管至喷头支管为68m管外径ϕ20，共97m，喷头采用雨鸟46H摇臂旋转喷头1/2″共8个，分管、支管均采用PPR塑料管。

已知：现场土质为三类土，挖土深度0.5m，挖管沟土方工程量为23.8m³；回填密实度为85%，工程量为22.5m³，弃土运距由投标单位自行考虑；分管为ϕ32、48m，支管为ϕ20、68m；喷头8个（千秋架固定），低压塑料丝扣阀门1个（DN 32），水表1（DN 32）个。

计算时，不考虑土方换算与弃土工程量。

1 绿化工程

2. 问题

根据以上背景资料及现行国家标准《建设工程工程量清单计价规范》GB 50500—2013、《园林绿化工程工程量计算规范》GB 50858—2013，试列出该喷灌管道土方喷灌设施的分部分项工程量清单。

3. 参考答案（表1-4和表1-5）

清单工程量计算表　　　　　　　　　　　　　　　　　　　　　表1-4

工程名称：某绿化工程

序号	项目编码	清单项目名称	计算式	工程量合计	计量单位
1	010101003001	挖沟槽土方	23.8m³	23.8	m³
2	010103001001	回填方	22.5m³	22.5	m³
3	050103001001	喷灌管线安装	塑料管安装φ32：48m	48	m
4	050103001002	喷灌管线安装	塑料管安装φ20：68m	68	m
5	050103002001	喷灌配件安装	喷头8个，千秋架固定	8	个
6	050103002002	喷灌配件安装	DN 32 低压塑料丝扣阀门1个	1	个
7	050103002003	喷灌配件安装	DN 32 水表1个	1	个

分部分项工程和单价措施项目清单与计价表　　　　　　　　　　表1-5

工程名称：某绿化工程

序号	项目编码	项目名称	项目特征描述	计量单位	工程量	综合单价	合价	其中 暂估价
土方工程								
1	010101003001	挖沟槽土方	1. 土壤类别：三类土； 2. 挖土深度：0.5m； 3. 弃土运距：500m	m³	23.8			
2	010103001001	回填方	1. 密实度要求：85%； 2. 填方材料品种：原土； 3. 填方来源、运距：原土回填	m³	22.5			
绿化工程								
3	050103001001	喷灌管线安装	1. 管道品种、规格：PPR，外径φ32； 2. 管道固定方式：埋地	m	48			
4	050103001002	喷灌管线安装	1. 管道品种、规格：PPR，外径φ20； 2. 管道固定方式：埋地	m	68			
5	050103002001	喷灌配件安装	1. 管道喷头品种、规格：摇臂旋转喷头46H，1/2″； 2. 管道喷头固定方式：千秋架	个	8			
6	050103002002	喷灌配件安装	管道阀门品种、规格：低压塑料丝扣阀门，DN 32	个	1			

续表

序号	项目编码	项目名称	项目特征描述	计量单位	工程量	金额（元）		
						综合单价	合价	其中 暂估价
绿化工程								
7	050103002003	喷灌配件安装	管道附件品种、规格：水表，DN32	个	1			

注：挖填土方按现行国家标准《房屋建筑与装饰工程工程量计算规范》GB 50854—2013 附录 A 相关项目编码列项。

1.2.2 实例1-2

1. 背景资料

某一绿地（土为二类土）有胸径5cm、冠径2.2~2.8m 的银杏25株，要求带土球迁移至2.5km外小区（土为三类土）种植，用购买的种植土回填（人工搬运种植土至树穴平均距离为20m，回填厚度50cm）。每棵树用草绳绕树干1.8m，种植后再用长2.5m、小径平均为6cm的树棍桩三脚支撑，养护二年。

2. 问题

根据以上背景资料及现行国家标准《建设工程工程量清单计价规范》GB 50500—2013、《园林绿化工程工程量计算规范》GB 50858—2013，试列出该乔木移植的分部分项工程量清单。

3. 参考答案（表1-6和表1-7）

清单工程量计算表　　　　　　　　　　　　　　　表1-6

工程名称：某绿化工程

序号	项目编码	清单项目名称	计算式	工程量合计	计量单位
1	050101009001	种植土换填	人工搬运种植土至树穴平均距离为20m。3×25=75（株）	75	株
2	050102001001	栽植乔木	胸径5cm、冠径2.2~2.8m的银杏，25株	25	株
3	050403001001	树木支撑架	长2.5m、小径平均为6cm的树棍桩三脚支撑，25株	25	株
4	050403002001	草绳绕树干	草绳绕树干1.8m，25株	25	株

分部分项工程和单价措施项目清单与计价表　　　　　　　　　　表1-7

工程名称：某绿化工程

序号	项目编码	项目名称	项目特征描述	计量单位	工程量	金额（元）		
						综合单价	合价	其中 暂估价
绿化工程								
1	050101009001	种植土换填	1. 回填土质要求：三类土； 2. 取土运距：20m； 3. 回填厚度：50cm	株	75			

续表

序号	项目编码	项目名称	项目特征描述	计量单位	工程量	综合单价	合价	其中暂估价
			绿化工程					
2	050102001001	栽植乔木	1. 种类：银杏； 2. 胸径：5cm； 3. 冠径：2.2～2.8m； 4. 起挖方式：土球； 5. 养护期：二年	株	25			
			措施项目					
3	050403001001	树木支撑架	1. 支撑类型、材质：树棍桩三脚撑； 2. 支撑材料规格：小径平均为6cm； 3. 单株支撑材料数量：2.5m	株	25			
4	050403002001	草绳绕树干	1. 胸径：5cm； 2. 草绳所绕树干高度：1.8m	株	25			

1.2.3 实例1-3

1. 背景资料

某新建住宅小区进行配套环境绿化，如图 1-1 所示，土壤为三类土。假定苗木带土球，苗木及草皮养护期为一年，支撑采用 2.2m 树棍四脚桩，苗木表如表 1-8 所示。每棵树用草绳绕树干 2.0m，种植后再用长 2.5m、小径平均为 6cm 的树棍桩三脚支撑，养护一年。

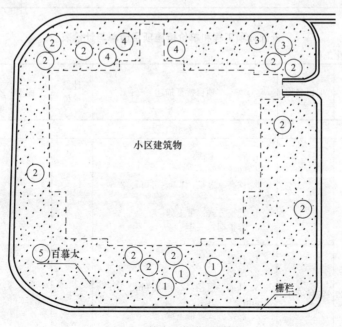

图 1-1 某小区绿化平面图

苗木详表   表 1-8

序号	名称	苗木规格	单位	苗木数量
1	木槿	胸径 8cm, 树高 4.5~5.0m, 冠幅 2.5~3.0m	株	3
2	含笑	胸径 6cm, 树高 2.5~3.0m, 冠幅 2.0~2.5m	株	11
3	山茶花	胸径 5cm, 树高 2.5~3.0m, 冠幅 2.0~2.5m	株	2
4	花石榴	胸径 6cm, 树高 3.0~3.5m, 冠幅 2.5~3.0m	株	2
5	草皮（百慕大）	满铺	m^2	580

2. 问题

根据以上背景资料及现行国家标准《建设工程工程量清单计价规范》GB 50500—2013、《园林绿化工程工程量计算规范》GB 50858—2013，试列出绿化工程分部分项工程量清单。

3. 参考答案（表 1-9 和表 1-10）

清单工程量计算表   表 1-9

工程名称：某绿化工程

序号	项目编码	清单项目名称	计算式	工程量合计	计量单位
1	050102001001	栽植乔木	胸径 8cm, 树高 4.5~5.0m, 冠幅 2.5~3.0m	3	株
2	050102001002	栽植乔木	胸径 6cm, 树高 2.5~3.0m, 冠幅 2.0~2.5m	11	株
3	050102001003	栽植乔木	胸径 5cm, 树高 2.5~3.0m, 冠幅 2.0~2.5m	2	株
4	050102001004	栽植乔木	胸径 6cm, 树高 3.0~3.5m, 冠幅 2.5~3.0m	2	株
5	050102012001	铺种草皮	满铺	580	m^2
6	050403001001	树木支撑架	用长 2.5m, 小径平均为 6cm 的树棍桩三脚支撑，养护一年。 3＋11＋2＋2＝18（株）	18	株
7	050403002001	草绳绕树干	每棵树用草绳绕树干 2.0m。 3＋11＋2＋2＝18（株）	18	株

分部分项工程和单价措施项目清单与计价表   表 1-10

工程名称：某绿化工程

序号	项目编码	项目名称	项目特征描述	计量单位	工程量	金额（元）		
						综合单价	合价	其中 暂估价
绿化工程								
1	050102001001	栽植乔木	1. 种类：木槿； 2. 胸径：8cm； 3. 株高、冠径：4.5~5.0m、2.5~3.0m； 4. 起挖方式：带土球； 5. 养护期：一年	株	3			
2	050102001002	栽植乔木	1. 种类：含笑； 2. 胸径：6cm； 3. 株高、冠径：2.5~3.0m、2.0~2.5m； 4. 起挖方式：带土球； 5. 养护期：一年	株	11			

1 绿化工程

续表

序号	项目编码	项目名称	项目特征描述	计量单位	工程量	金额（元）		
						综合单价	合价	其中 暂估价
绿化工程								
3	050102001003	栽植乔木	1. 种类：山茶花； 2. 胸径：5cm； 3. 株高：2.5~3.0m； 4. 起挖方式：带土球； 5. 养护期：一年	株	2			
4	050102001004	栽植乔木	1. 种类：花石榴； 2. 胸径：6cm； 3. 株高：3.0~3.5m； 4. 起挖方式：带土球； 5. 养护期：一年	株	2			
5	050102012001	铺种草皮	1. 草皮种类：百慕大； 2. 铺种方式：满铺； 3. 养护期：一年	m²	580			
措施项目								
6	050403001001	树木支撑架	1. 支撑类型、材质：树棍桩三脚撑； 2. 支撑材料规格：小径平均为6cm； 3. 单株支撑材料数量：2.5m	株	18			
7	050403002001	草绳绕树干	1. 胸径：5cm； 2. 草绳所绕树干高度：2.0m	株	18			

1.2.4 实例1-4

1. 背景资料

某公园绿化种植施工平面图，如图1-2所示；苗木规格及种植要求，如表1-11所示。植草砖铺装平面图及大样图，如图1-3和图1-4所示。

（1）工程基本情况

1）施工现场土质为二类土，绿地面积1500m²。

2）苗木不考虑种植穴换土，现场已堆有换土所需的种植土。

3）不考虑苗木施肥，苗木种植施工采用人工浇水。

4）苗木均按带土球考虑，养护期一年。

5）植草砖铺装面积为368.50m²，其中绿化面积为60.65m²；采用青色十字形水泥砖，规格为250mm×250mm×50mm，植草砖内植草种类马尼拉草，养护期三个月。

（2）计算说明

1）绿化工程除了计算表1-11所列苗木的工程量及相应的措施项目工程量外，还应计

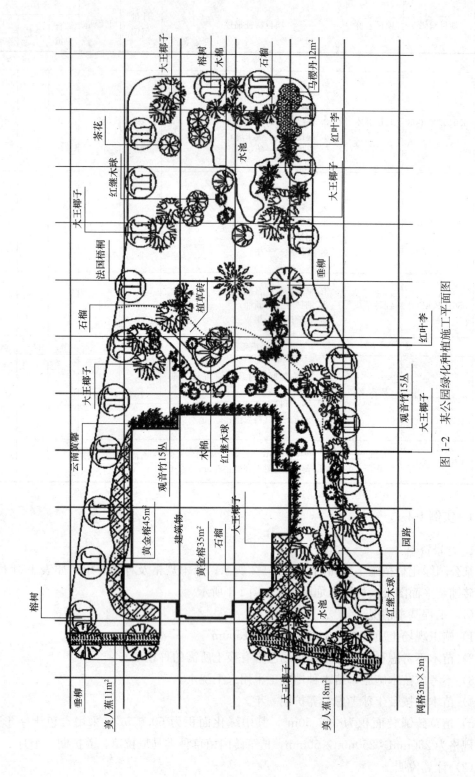

图 1-2 某公园绿化种植施工平面图

算植草砖内植草的工程量。

2）园路工程仅计算植草砖铺装项目的工程量。

3）计算结果保留两位小数。

苗木规格及种植要求　　　　　　表 1-11

序号	名称	胸径（cm）	规格高度（cm）	冠径（cm）	单位	数量	种植要求	备注
1	法国梧桐	10	350～400	400～450	株	1		
2	木棉	5	250～300	300～350	株	4		种植后再用长2.5m、小径平均为6cm的树棍桩四脚支撑
3	茶花	5	150～200	150～200	株	5		
4	垂柳	15	400～450	350～400	株	6		
5	石榴	6	250～300	300～350	株	10		
6	红叶李	5	250～300	3.0～3.5	株	11		
7	榕树	20	550～600	450～500	株	21		
8	大王椰子	地径35	300～350	400～450	株	16		
9	云南黄馨	5	70	40	株	39		
10	红继木球	5	70	80	株	26		
11	马樱丹	5	30	40	m²	12	25株/m²	
12	观音竹	杆径3			丛	30	7～8枝	丛生竹，面积约为1.3m²/丛
13	黄金榕		50～70		m²	80	19株/m²	
14	花叶美人蕉		50		m²	29	16株/m²	
15	马尼拉草				m²	700	满铺	地表裸露部分均满铺马尼拉草皮

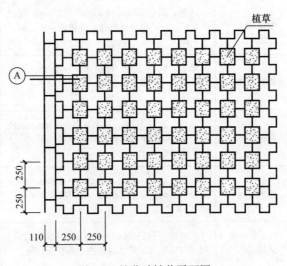

图 1-3　植草砖铺装平面图

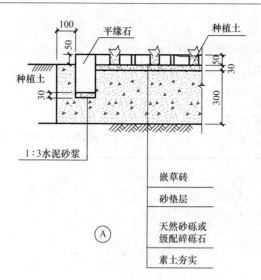

图 1-4 植草砖铺装大样图

说明：植草砖厚度 50mm，砖孔或砖缝间用干砂（掺加黄土草籽）灌缝，洒水使砂沉实

2. 问题

根据以上背景资料及现行国家标准《建设工程工程量清单计价规范》GB 50500—2013、《园林绿化工程工程量计算规范》GB 50858—2013，试列出该工程要求计算的分部分项工程量清单。

3. 参考答案（表 1-12 和表 1-13）

清单工程量计算表　　　　　　　　　　　　　　　　　表 1-12

工程名称：某绿化工程

序号	项目编码	清单项目名称	计算式	工程量合计	计量单位
1	050102001001	栽植乔木	法国梧桐，胸径 10cm，株高 3.5～4.0m、冠径 4.0～4.5m，带土球起挖，养护期一年。 1 株	1	株
2	050102001002	栽植乔木	木棉，胸径 5cm，株高 2.5～3.0m、冠径 3.0～3.5m，带土球起挖，养护期一年。 4 株	4	株
3	050102001003	栽植乔木	茶花，胸径 5cm，株高 1.5～2.0m、冠径 1.5～2.0m，带土球起挖，养护期一年。 5 株	5	株
4	050102001004	栽植乔木	垂柳，胸径 15cm，株高 4.0～4.5m、冠径 3.5～4.0m，带土球起挖，养护期一年。 6 株	6	株
5	050102001005	栽植乔木	石榴，胸径 6cm，株高 2.5～3.0m、冠径 3.0～3.5m，带土球起挖，养护期一年。 10 株	10	株
6	050102001006	栽植乔木	红叶李，胸径 5cm，株高 2.5～3.0m、冠径 3.0～3.5m，带土球起挖，养护期一年。 11 株	11	株

1 绿化工程

续表

序号	项目编码	清单项目名称	计算式	工程量合计	计量单位
7	050102001007	栽植乔木	榕树，胸径：20cm，株高5.5~6.0m，冠径4.5~5.0m，带土球起挖，养护期一年。 21株	21	株
8	050102001008	栽植乔木	大王椰子，地径35cm，株高3.0~3.5m，冠径4.0~4.5m，带土球起挖，养护期一年。 16株	16	株
9	050102002001	栽植灌木	云南黄馨，冠丛高：0.7m，蓬径：0.4m，带土球起挖，养护期一年。 39株	39	株
10	050102002002	栽植灌木	红继木球，冠丛高：0.7m，蓬径：0.8m，带土球起挖，养护期一年。 26株	26	株
11	050102003001	栽植竹类	观音竹，竹胸径：每丛7~8枝，养护期一年。 30株	30	丛
12	050102007001	栽植色带	马樱丹，株高：0.3m，25株/m²，养护期一年。 12株	12	m²
13	050102007002	栽植色带	黄金榕，株高：0.5~0.7m，19株/m²，养护期一年。 80株	80	m²
14	050102007003	栽植色带	花叶美人蕉，株高0.5m，16株/m²，养护期一年。 29株	29	m²
15	050102012001	铺种草皮	马尼拉草，满铺，养护期一年。 700m²	700	m²
16	050102014001	植草砖内植草	绿化面积60.65m²	60.65	m²
17	050201005001	嵌草砖铺装	植草砖铺装面积为368.50m²	368.50	m²
18	050403001001	树木支撑架	树棍桩四脚撑，小径平均为6cm，单株支撑材料数量：2.5m。 16+21+11+10+6+5+4+1=74（株）	74	株

分部分项工程和单价措施项目清单与计价表　　　　表1-13

工程名称：某绿化工程

序号	项目编码	项目名称	项目特征描述	计量单位	工程量	金额（元）		
						综合单价	合价	其中 暂估价
			绿化工程					
1	050102001001	栽植乔木	1. 种类：法国梧桐； 2. 胸径：10cm； 3. 株高、冠径：3.5~4.0m、4.0~4.5m； 4. 起挖方式：带土球； 5. 养护期：一年	株	1			

续表

序号	项目编码	项目名称	项目特征描述	计量单位	工程量	金额（元）		
						综合单价	合价	其中暂估价
绿化工程								
2	050102001002	栽植乔木	1. 种类：木棉； 2. 胸径：5cm； 3. 株高、冠径：2.5～3.0m、3.0～3.5m； 4. 起挖方式：带土球； 5. 养护期：一年	株	4			
3	050102001003	栽植乔木	1. 种类：茶花； 2. 胸径：5cm； 3. 株高、冠径：1.5～2.0m、1.5～2.0m； 4. 起挖方式：带土球； 5. 养护期：一年	株	5			
4	050102001004	栽植乔木	1. 种类：垂柳； 2. 胸径：15cm； 3. 株高、冠径：4.0～4.5m、3.5～4.0m； 4. 起挖方式：带土球； 5. 养护期：一年	株	6			
5	050102001005	栽植乔木	1. 种类：石榴； 2. 胸径：6cm； 3. 株高、冠径：2.5～3.0m、3.0～3.5m； 4. 起挖方式：带土球； 5. 养护期：一年	株	10			
6	050102001006	栽植乔木	1. 种类：红叶李； 2. 胸径：5cm； 3. 株高、冠径：2.5～3.0m、3.0～3.5m； 4. 起挖方式：带土球； 5. 养护期：一年	株	11			
7	050102001007	栽植乔木	1. 种类：榕树； 2. 胸径：20cm； 3. 株高、冠径：5.5～6.0m、4.5～5.0m； 4. 起挖方式：带土球； 5. 养护期：一年	株	21			
8	050102001008	栽植乔木	1. 种类：大王椰子； 2. 地径：35cm； 3. 株高、冠径：3.0～3.5m、4.0～4.5m； 4. 起挖方式：带土球； 5. 养护期：一年	株	16			

1 绿化工程

续表

序号	项目编码	项目名称	项目特征描述	计量单位	工程量	金额（元）		
						综合单价	合价	其中暂估价
绿化工程								
9	050102002001	栽植灌木	1. 种类：云南黄馨； 2. 冠丛高：0.7m； 3. 蓬径：0.4m； 4. 起挖方式：带土球； 5. 养护期：一年	株	39			
10	050102002002	栽植灌木	1. 种类：红继木球； 2. 冠丛高：0.7m； 3. 蓬径：0.8m； 4. 起挖方式：带土球； 5. 养护期：一年	株	26			
11	050102003001	栽植竹类	1. 竹种类：观音竹； 2. 竹胸径：3，每丛7～8枝； 3. 养护期：一年	丛	30			
12	050102007001	栽植色带	1. 苗木：马樱丹； 2. 株高：0.3m，25株/m²； 3. 养护期：一年	m²	12			
13	050102007002	栽植色带	1. 苗木：黄金榕； 2. 株高：0.5～0.7m，19株/m²； 3. 养护期：一年	m²	80			
14	050102007003	栽植色带	1. 苗木：花叶美人蕉； 2. 株高：0.5m，16株/m²； 3. 养护期：一年	m²	29			
15	050102012001	铺种草皮	1. 草皮种类：马尼拉草； 2. 铺种方式：满铺； 3. 养护期：一年	m²	700			
16	050102014001	植草砖内植草	1. 草坪种类：马尼拉草； 2. 养护期：三个月	m²	60.65			
园路工程								
17	050201005001	嵌草砖铺装	1. 垫层厚度：30mm； 2. 铺设方式：满铺； 3. 嵌草砖（格）品种、规格、颜色：十字形水泥砖，250mm×250mm×50mm，青色； 4. 镂空部分填土要求：种植土回填50mm	m²	368.50			
措施项目								
18	050403001001	树木支撑架	1. 支撑类型、材质：树棍桩四脚撑； 2. 支撑材料规格：小径平均为6cm； 3. 单株支撑材料数量：2.5m	株	74			

2 园路、园桥工程

针对《园林绿化工程工程量计算规范》GB 50858—2013（以下简称"13 规范"）、《建设工程工程量清单计价规范》GB 50500—2008（以下简称"08 规范"），"13 规范"在项目编码、项目名称、项目特征、计量单位、工程量计算规则、工作内容等方面，均有变化。

1. 清单项目变化

"13 规范"在"08 规范"的基础上，园路、园桥工程减少 7 个项目，具体如下：

（1）"08 规范"E.2.2 堆塑假山，整体移至"13 规范"附录 C.1 节。

（2）园路园桥工程：增加踏（蹬）道、石汀步（步石、飞石）、栈道。

（3）驳岸：增加框格花木护岸、点（散）布大卵石。

（4）将"08 规范"园桥工程"仰天石、地伏石、石望柱、栏杆、扶手、栏板、撑鼓"等与仿古建筑工程重复的项目取消。

（5）将项目名称"树池围牙、盖板"改为"树池围牙、盖板（篦子）"，"石桥基础"改为"桥基础"，"石砌驳岸"改为"石（卵石）砌驳岸"，"散铺砂卵石护岸（自然护岸）"改为"满（散）铺砂卵石护岸（自然护岸）"。

2. 应注意的问题

（1）地伏石、石望柱、石栏杆、石栏板、扶手、撑鼓等应按《仿古建筑工程工程量计算规范》GB 50855—2013 相关项目编码列项。

（2）亲水（小）码头各分部分项项目按照园桥相应项目编码列项。

（3）台阶项目按《房屋建筑与装饰工程工程量计算规范》GB 50854—2013 相关项目编码列项。

（4）混合类构件园桥按《房屋建筑与装饰工程工程量计算规范》GB 50854—2013 或《通用安装工程工程量计算规范》GB 50856—2013 相关项目编码列项。

（5）驳岸工程的挖土方、开凿石方、回填等应按《房屋建筑与装饰工程工程量计算规范》GB 50854—2013 相关项目编码列项。

（6）木桩钎（梅花桩）按原木桩驳岸项目单独编码列项。

（7）钢筋混凝土仿木桩驳岸，其钢筋混凝土及表面装饰按《房屋建筑与装饰工程工程量计算规范》GB 50854—2013 相关项目编码列项，其表面"塑松皮"按"13 规范"附录 C 园林景观工程相关项目编码列项。

（8）框格花木护坡的铺草皮、撒草籽等应按"13 规范"附录 A 相关项目编码列项。

2.1 工程量计算依据六项变化及说明

2.1.1 园路、园桥工程

园路、园桥工程工程量清单项目设置、项目特征描述的内容、计量单位、工程量计算

2 园路、园桥工程

规则等的变化对照情况,见表 2-1。

园路、园桥工程(编码:050201) 表 2-1

序号	版别	项目编码	项目名称	项目特征	工程量计算规则	工作内容
1	13规范	050201001	园路	1. 路床土石类别; 2. 垫层厚度、宽度、材料种类; 3. 路面厚度、宽度、材料种类; 4. 砂浆强度等级	按设计图示尺寸以面积计算,不包括路牙(计量单位:m²)	1. 路基、路床整理; 2. 垫层铺筑; 3. 路面铺筑; 4. 路面养护
1	08规范	050201001	园路	1. 垫层厚度、宽度、材料种类; 2. 路面厚度、宽度、材料种类; 3. 混凝土强度等级; 4. 砂浆强度等级		1. 园路路基、路床整理; 2. 垫层铺筑; 3. 路面铺筑; 4. 路面养护
	说明:项目特征描述新增"路床土石类别",删除原来的"混凝土强度等级"。工作内容将原来的"园路路基、路床整理"简化为"路基、路床整理"					
2	13规范	050201002	踏(蹬)道	1. 路床土石类别; 2. 垫层厚度、宽度、材料种类; 3. 路面厚度、宽度、材料种类; 4. 砂浆强度等级	按设计图示尺寸以水平投影面积计算,不包括路牙(计量单位:m²)	1. 路基、路床整理; 2. 垫层铺筑; 3. 路面铺筑; 4. 路面养护
2	08规范	—	—	—	—	—
	说明:新增项目内容					
3	13规范	050201003	路牙铺设	1. 垫层厚度、材料种类; 2. 路牙材料种类、规格; 3. 砂浆强度等级	按设计图示尺寸以长度计算(计量单位:m)	1. 基层清理; 2. 垫层铺设; 3. 路牙铺设
3	08规范	050201002	路牙铺设	1. 垫层厚度、材料种类; 2. 路牙材料种类、规格; 3. 混凝土强度等级; 4. 砂浆强度等级		
	说明:项目特征描述删除原来的"混凝土强度等级"					
4	13规范	050201004	树池围牙、盖板(箅子)	1. 围牙材料种类、规格; 2. 铺设方式; 3. 盖板材料种类、规格	1. 以米计量,按设计图示尺寸以长度计算(计量单位:m); 2. 以套计量,按设计图示数量计算(计量单位:套)	1. 清理基层; 2. 围牙、盖板运输; 3. 围牙、盖板铺设
4	08规范	050201003	树池围牙、盖板		按设计图示尺寸以长度计算(计量单位:m)	
	说明:项目名称修改为"树池围牙、盖板(箅子)"。工程量计算规则新增"以套计量,按设计图示数量计算(计量单位:套)"					

续表

序号	版别	项目编码	项目名称	项目特征	工程量计算规则	工作内容
5	13规范	050201005	嵌草砖（格）铺装	1. 垫层厚度； 2. 铺设方式； 3. 嵌草砖（格）品种、规格、颜色； 4. 镂空部分填土要求	按设计图示尺寸以面积计算（计量单位：m²）	1. 原土夯实； 2. 垫层铺设； 3. 铺砖； 4. 填土
	08规范	050201004	嵌草砖铺装	1. 垫层厚度； 2. 铺设方式； 3. 嵌草砖品种、规格、颜色； 4. 镂空部分填土要求		
	说明：项目名称修改为"嵌草砖（格）铺装"。项目特征描述将原来的"嵌草砖品种、规格、颜色"修改为"嵌草砖（格）品种、规格、颜色"					
6	13规范	050201006	桥基础	1. 基础类型； 2. 垫层及基础材料种类、规格； 3. 砂浆强度等级	按设计图示尺寸以体积计算（计量单位：m³）	1. 垫层铺筑； 2. 起重架搭、拆； 3. 基础砌筑； 4. 砌石
	08规范	050201005	石桥基础	1. 基础类型； 2. 石料种类、规格； 3. 混凝土强度等级； 4. 砂浆强度等级		1. 垫层铺筑； 2. 基础砌筑、浇筑； 3. 砌石
	说明：项目名称简化为"桥基础"。项目特征描述将原来的"石料种类、规格"修改为"垫层及基础材料种类、规格"，删除原来的"混凝土强度等级"。工作内容新增"起重架搭、拆"，将原来的"基础砌筑、浇筑"简化为"基础砌筑"					
7	13规范	050201007	石桥墩、石桥台	1. 石料种类、规格； 2. 勾缝要求； 3. 砂浆强度等级、配合比	按设计图示尺寸以体积计算（计量单位：m³）	1. 石料加工； 2. 起重架搭、拆； 3. 墩、台、券石、券脸砌筑； 4. 勾缝
	08规范	050201006	石桥墩、石桥台			1. 石料加工； 2. 起重架搭、拆； 3. 墩、台、旋石、旋脸砌筑； 4. 勾缝
	说明：工作内容将原来的"墩、台、旋石、旋脸砌筑"修改为"墩、台、券石、券脸砌筑"					
8	13规范	050201008	拱券石	1. 石料种类、规格； 2. 券脸雕刻要求； 3. 勾缝要求； 4. 砂浆强度等级、配合比	按设计图示尺寸以体积计算（计量单位：m³）	1. 石料加工； 2. 起重架搭、拆； 3. 墩、台、券石、券脸砌筑； 4. 勾缝

续表

序号	版别	项目编码	项目名称	项目特征	工程量计算规则	工作内容
8	08规范	050201007	拱旋石制作、安装	1. 石料种类、规格； 2. 券脸雕刻要求； 3. 勾缝要求； 4. 砂浆强度等级、配合比	按设计图示尺寸以体积计算（计量单位：m³）	1. 石料加工； 2. 起重架搭、拆； 3. 墩、台、旋石、旋脸砌筑； 4. 勾缝
	说明：项目名称简化为"拱券石"。工作内容将原来的"墩、台、旋石、旋脸砌筑"修改为"墩、台、券石、券脸砌筑"					
9	13规范	050201009	石券脸	1. 石料种类、规格； 2. 券脸雕刻要求； 3. 勾缝要求； 4. 砂浆强度等级、配合比	按设计图示尺寸以面积计算（计量单位：m²）	1. 石料加工； 2. 起重架搭、拆； 3. 墩、台、券石、券脸砌筑； 4. 勾缝
	08规范	050201008	石旋脸制作、安装			1. 石料加工； 2. 起重架搭、拆； 3. 墩、台、旋石、旋脸砌筑； 4. 勾缝
	说明：项目名称简化为"石券脸"。工作内容将原来的"墩、台、旋石、旋脸砌筑"修改为"墩、台、券石、券脸砌筑"					
10	13规范	050201010	金刚墙砌筑	1. 石料种类、规格； 2. 券脸雕刻要求； 3. 勾缝要求； 4. 砂浆强度等级、配合比	按设计图示尺寸以体积计算（计量单位：m³）	1. 石料加工； 2. 起重架搭、拆； 3. 砌石； 4. 填土夯实
	08规范	050201009	金刚墙砌筑			
	说明：各项目内容未做修改					
11	13规范	050201011	石桥面铺筑	1. 石料种类、规格； 2. 找平层厚度、材料种类； 3. 勾缝要求； 4. 混凝土强度等级； 5. 砂浆强度等级	按设计图示尺寸以面积计算（计量单位：m²）	1. 石材加工； 2. 抹找平层； 3. 起重架搭、拆； 4. 桥面、桥面踏步铺设； 5. 勾缝
	08规范	050201010	石桥面铺筑			
	说明：各项目内容未做修改					
12	13规范	050201012	石桥面檐板	1. 石料种类、规格； 2. 勾缝要求； 3. 砂浆强度等级、配合比	按设计图示尺寸以面积计算（计量单位：m²）	1. 石材加工； 2. 檐板铺设； 3. 铁锔、银锭安装； 4. 勾缝

续表

序号	版别	项目编码	项目名称	项目特征	工程量计算规则	工作内容
12	08规范	050201011	石桥面檐板	1. 石料种类、规格; 2. 勾缝要求; 3. 砂浆强度等级、配合比	按设计图示尺寸以面积计算(计量单位:m²)	1. 石材加工; 2. 檐板、仰天石、地伏石铺设; 3. 铁锔、银锭安装; 4. 勾缝
	说明:工作内容将原来的"檐板、仰天石、地伏石铺设"简化为"檐板铺设"					
13	13规范	050201013	石汀步(步石、飞石)	1. 石料种类、规格; 2. 砂浆强度等级、配合比	按设计图示尺寸以体积计算(计量单位:m³)	1. 基层整理; 2. 石材加工; 3. 砂浆调运; 4. 砌石
	08规范	—				
	说明:新增项目内容					
14	13规范	050201014	木制步桥	1. 桥宽度; 2. 桥长度; 3. 木材种类; 4. 各部位截面长度; 5. 防护材料种类	按桥面板设计图示尺寸以面积计算(计量单位:m²)	1. 木桩加工; 2. 打木桩基础; 3. 木梁、木桥板、木桥栏杆、木扶手制作、安装; 4. 连接铁件、螺栓安装; 5. 刷防护材料
	08规范	—				
	说明:新增项目内容					
15	13规范	050201015	栈道	1. 栈道宽度; 2. 支架材料种类; 3. 面层材料种类; 4. 防护材料种类	按栈道面板设计图示尺寸以面积计算(计量单位:m²)	1. 凿洞; 2. 安装支架; 3. 铺设面板; 4. 刷防护材料
	08规范	—				
	说明:新增项目内容					

注:1. 园路、园桥工程的挖土方、开凿石方、回填等应按现行国家标准《市政工程工程量计算规范》GB 50857相关项目编码列项。
2. 如遇某些构配件使用钢筋混凝土或金属构件时,应按现行国家标准《房屋建筑与装饰工程工程量计算规范》GB 50854或《市政工程工程量计算规范》GB 50857相关项目编码列项。
3. 地伏石、石望柱、石栏杆、石栏板、扶手、撑鼓等应按现行国家标准《仿古建筑工程工程量计算规范》GB 50855相关项目编码列项。
4. 亲水(小)码头各分部分项目按照园桥相关项目编码列项。
5. 台阶项目应按现行国家标准《房屋建筑与装饰工程工程量计算规范》GB 50854相关项目编码列项。
6. 混合类构件园桥应按现行国家标准《房屋建筑与装饰工程工程量计算规范》GB 50854或《通用安装工程工程量计算规范》GB 50856相关项目编码列项。

2.1.2 驳岸、护岸

驳岸、护岸工程量清单项目设置、项目特征描述的内容、计量单位、工程量计算规则等的变化对照情况,见表2-2。

2 园路、园桥工程

驳岸、护岸（编码：050202） 表 2-2

序号	版别	项目编码	项目名称	项目特征	工程量计算规则	工作内容
1	13规范	050202001	石（卵石）砌驳岸	1. 石料种类、规格； 2. 驳岸截面、长度； 3. 勾缝要求； 4. 砂浆强度等级、配合比	1. 以立方米计量，按设计图示尺寸以体积计算（计量单位：m³）； 2. 以吨计量，按质量计算（计量单位：t）	1. 石料加工； 2. 砌石（卵石）； 3. 勾缝
	08规范	050203001	石砌驳岸		按设计图示尺寸以体积计算（计量单位：m³）	1. 石料加工； 2. 砌石； 3. 勾缝
	说明：项目名称扩展为"石（卵石）砌驳岸"。工程量计算规则新增"以吨计量，按质量计算（计量单位：t）"。工作内容将原来的"砌石"扩展为"砌石（卵石）"					
2	13规范	050202002	原木桩驳岸	1. 木材种类； 2. 桩直径； 3. 桩单根长度； 4. 防护材料种类	1. 以米计量，按设计图示桩长（包括桩尖）计算（计量单位：m）； 2. 以根计量，按设计图示数量计算（计量单位：根）	1. 木桩加工； 2. 打木桩； 3. 刷防护材料
	08规范	050203002	原木桩驳岸		按设计图示以桩长（包括桩尖）计算（计量单位：m）	
	说明：工程量计算规则新增"以根计量，按设计图示数量计算（计量单位：根）"					
3	13规范	050202003	满（散）铺砂卵石护岸（自然护岸）	1. 护岸平均宽度； 2. 粗细砂比例； 3. 卵石粒径	1. 以平方米计量，按设计图示尺寸以护岸展开面积计算（计量单位：m²）； 2. 以吨计量，按卵石使用质量计算（计量单位：t）	1. 修边坡； 2. 铺卵石
	08规范	050203003	散铺砂卵石护岸（自然护岸）	1. 护岸平均宽度； 2. 粗细砂比例； 3. 卵石粒径； 4. 大卵石粒径、数量	按设计图示平均护岸宽度乘以护岸长度以面积计算（计量单位：m²）	1. 修边坡； 2. 铺卵石、点布大卵石
	说明：项目名称扩展为"满（散）铺砂卵石护岸（自然护岸）"。项目特征描述删除原来的"大卵石粒径、数量"。工程量计算规则新增"以吨计量，按质量计算（计量单位：t）"。工作内容将原来的"铺卵石、点布大卵石"简化为"铺卵石"					
4	13规范	050202004	点（散）布大卵石	1. 大卵石粒径； 2. 数量	1. 以块（个）计量，按设计图示数量计算（计量单位：块或个）； 2. 以吨计量，按卵石使用质量计算（计量单位：t）	1. 布石； 2. 安砌； 3. 成型
	08规范	—	—	—	—	—
	说明：新增项目内容					

续表

序号	版别	项目编码	项目名称	项目特征	工程量计算规则	工作内容
5	13规范	050202005	框格花木护岸	1. 展开宽度； 2. 护坡材质； 3. 框格种类与规格	按设计图示尺寸展开宽度乘以长度以面积计算（计量单位：m²）	1. 修边坡； 2. 安放框格
	08规范	—	—	—	—	—
	说明：新增项目内容					

注：1. 驳岸工程的挖土方、开凿石方、回填等应按现行国家标准《房屋建筑与装饰工程工程量计算规范》GB 50854附录A相关项目编码列项。
2. 木桩钎（梅花桩）按原木桩驳岸项目单独编码列项。
3. 钢筋混凝土仿木桩驳岸，其钢筋混凝土及表面装饰应按现行国家标准《房屋建筑与装饰工程工程量计算规范》GB 50854相关项目编码列项，若表面"塑松皮"按"13规范"附录C"园林景观工程"相关项目编码列项。
4. 框格花木护岸的铺草皮、撒草籽等应按"13规范"附录A"绿化工程"相关项目编码列项。

2.2 工程量清单编制实例

2.2.1 实例2-1

1. 背景资料

某公园木制步桥，桥面长6m、桥面宽1.5m、桥板厚25mm，满铺平口对缝，采用木桩基础，原木梢径$\phi80$、长5m、共16根。横梁原木梢径$\phi80$、长1.8m、共9根。纵梁原木梢径$\phi100$、长5.6m、共5根。栏杆、栏杆柱、扶手、扫地杆、斜撑采用枋木80mm×80mm（刨光），栏杆高900mm。全部采用杉木。

2. 问题

根据以上背景资料及现行国家标准《建设工程工程量清单计价规范》GB 50500—2013、《园林绿化工程工程量计算规范》GB 50858—2013，试列出木制步桥的分部分项工程量清单。

3. 参考答案（表2-3和表2-4）

清单工程量计算表 表2-3

工程名称：某园桥工程

序号	项目编码	清单项目名称	计算式	工程量合计	计量单位
1	050201014001	木制步桥	6×1.5=9.0（m²）	9.0	m²

2.2.2 实例2-2

1. 背景资料

某公园的园路断面图，如图2-1所示，采用50mm厚黄砂干铺，30mm厚荔枝面青石板，碎拼园路面（宽1.2m，长100m）；C15混凝土垫层100mm厚；M2.5混合砂浆灌浆块石垫层300mm厚；整理路床（宽2.2m，长110m）。

2 园路、园桥工程

分部分项工程和单价措施项目清单与计价表   表 2-4

工程名称：某园桥工程

序号	项目编码	项目名称	项目特征描述	计量单位	工程量	金额（元）		
						综合单价	合价	其中 暂估价
1	050201014001	木制步桥	1. 桥宽度：1.5m； 2. 桥长度：6m； 3. 木材种类：杉木； 4. 各部位截面、长度： 原木桩基础，梢径φ80、长5m、16根； 原木横梁，梢径φ80、长1.8m、9根； 原木纵梁，梢径φ100、长5.6m、5根； 栏杆、扶手、扫地杆、斜撑枋木80mm×80mm（刨光）栏高900mm	m²	9			

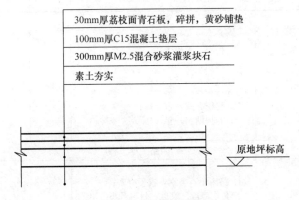

图 2-1 园路断面图

园路两边种植带土球胸径为 10cm、株高为 3.5～4.0m、冠径为 4.0～4.5m 的无患子 80 株，三类土，养护 10 个月。每棵树用草绳绕树干 2.0m，种植后再用长 2.5m、小径平均为 6cm 的树棍桩四脚支撑。

2. 问题

根据以上背景资料及现行国家标准《建设工程工程量清单计价规范》GB 50500—2013、《园林绿化工程工程量计算规范》GB 50858—2013，试列出园路、绿化工程及相应措施项目的分部分项工程量清单。

3. 参考答案（表 2-5 和表 2-6）

清单工程量计算表   表 2-5

工程名称：某园林绿化工程

序号	项目编码	清单项目名称	计算式	工程量合计	计量单位
1	050102001001	栽植乔木	无患子，胸径 10cm，株高 3.5～4.0m、冠径 4.0～4.5m，带土球起挖，养护期一年。80 株	80	株

续表

序号	项目编码	清单项目名称	计算式	工程量合计	计量单位
2	050201001001	园路	30mm厚荔枝面青石板，碎拼；M2.5混合砂浆灌浆块石，100厚C15混凝土垫层。 1.2×100＝120m²	120	m²
3	050403001001	树木支撑架	2.5m长小径平均为6cm的树棍桩四脚撑。80株	80	株
4	050403002001	草绳绕树干	胸径10cm，草绳所绕树干高度2.2m。80株	80	株

分部分项工程和单价措施项目清单与计价表　　　　　表2-6

工程名称：某园林绿化工程

序号	项目编码	项目名称	项目特征描述	计量单位	工程量	金额（元）		
						综合单价	合价	其中 暂估价
绿化工程								
1	050102001001	栽植乔木	1. 种类：无患子； 2. 胸径：10cm； 3. 株高、冠径：3.5～4.0m，4.0～4.5m； 4. 起挖方式：带土球； 5. 养护期：一年	株	80			
园路工程								
2	050201001001	园路	1. 路床土石类别：素土夯实； 2. 垫层厚度、宽度、材料种类：M2.5混合砂浆灌浆块石，100厚C15混凝土垫层； 3. 路面厚度、宽度、材料种类：30mm厚荔枝面青石板，碎拼； 4. 砂浆强度等级：M2.5	m²	120			
措施项目								
3	050403001001	树木支撑架	1. 支撑类型、材质：树棍桩四脚撑； 2. 支撑材料规格：小径平均为6cm； 3. 单株支撑材料数量：2.5m	株	80			
4	050403002001	草绳绕树干	1. 胸径：10cm； 2. 草绳所绕树干高度：2.2m	株	80			

2.2.3 实例2-3

1. 背景资料

某公园内混凝土小桥平面及剖面图，如图2-2和图2-3所示。其中桥面板、侧面板、木龙骨均为杉木，桥栏杆采用的 $\phi 50$ 钢管两端采用木楔封堵，栏杆立柱亦采用 15×15 角钢螺栓固定。园桥立面图如图 2-4 所示。

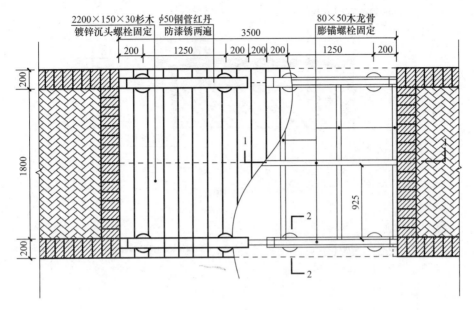

图 2-2 园桥平面图

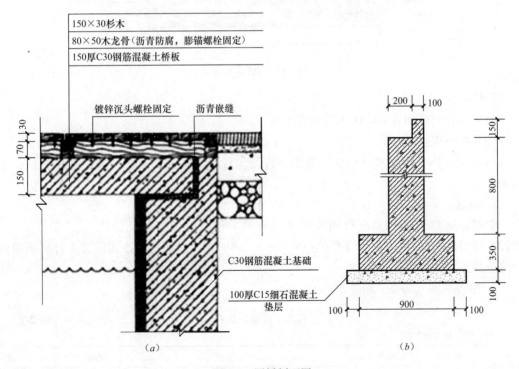

图 2-3 园桥剖面图
(a) 1—1 剖面图；(b) 钢筋混凝土基础剖面图

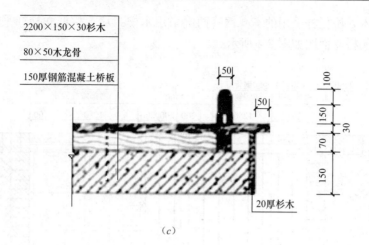

图 2-3 园桥剖面图（续）

(c) 2—2 剖面图

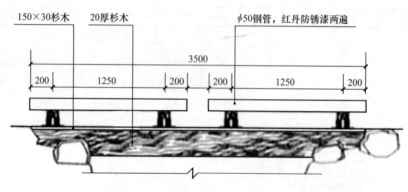

图 2-4 园桥立面图

计算说明：

(1) 计算时，沥青嵌缝所占的宽度不考虑。

(2) 不考虑栏杆立柱工程量

(3) 仅计算混凝土基础垫层、基础、混凝土桥面、木龙骨、木桥面、金属栏杆的工程量。

2. 问题

根据以上背景资料及现行国家标准《建设工程工程量清单计价规范》GB 50500—2013、《园林绿化工程工程量计算规范》GB 50858—2013，试列出该园桥要求计算项目的分部分项工程量清单。

3. 参考答案（表 2-7 和表 2-8）

清单工程量计算表　　　　　　　　　　　　　　　　表 2-7

工程名称：某园桥工程

序号	项目编码	清单项目名称	计算式	工程量合计	计量单位
1	040303001001	混凝土基础垫层	$(0.9+0.1\times 2)\times (2.2-0.1)\times 0.1\times 2=0.461(m^3)$	0.461	m^3

2 园路、园桥工程

续表

序号	项目编码	清单项目名称	计算式	工程量合计	计量单位
2	040303002001	混凝土桥基础	(0.8×0.30＋0.9×0.35＋0.1×0.15)× (2.2－0.1)×2＝2.394(m³)	2.394	m³
3	010505002001	混凝土桥面	(2.2－0.1)×(3.5－0.1×2)×0.15＝1.040(m³)	1.040	m³
4	010702002001	木龙骨（木梁）	0.08×0.05×3.5×3＋0.08×0.05×0.925×12＝0.086(m³)	0.086	m³
5	010702005001	木桥面	0.03×2.2×3.5＝0.231(m³) 侧面：0.02×3.5×0.22×2＝0.031（m³) 合计：0.231＋0.031＝0.262（m³)	0.262	m³
6	040309001001	金属栏杆	1.65×4＝6.6（m）	6.6	m

注：依据"13规范"的规定，某些构配件使用钢筋混凝土或金属构件时，应按现行国家标准《房屋建筑与装饰工程工程量计算规范》GB 50854 或《市政工程工程量计算规范》GB 50857 相关项目编码列项。

分部分项工程和单价措施项目清单与计价表　　　　　表 2-8

工程名称：某园桥工程

序号	项目编码	项目名称	项目特征描述	计量单位	工程量	金额（元）		
						综合单价	合价	其中 暂估价
1	040303001001	混凝土垫层	混凝土强度等级：C15	m³	0.461			
2	040303002001	混凝土基础	混凝土强度等级：C30	m³	2.394			
3	010505002001	无梁板	混凝土强度等级：C30	m³	1.040			
4	010702002001	木梁	1. 构件规格尺寸：80mm×50mm； 2. 木材种类：杉木； 3. 防护材料种类：沥青防腐	m³	0.086			
5	010702005001	其他木构件（木桥面）	1. 构件名称：木桥面； 2. 构件规格尺寸：2200mm×150mm×30mm； 3. 木材种类：杉木	m³	0.262			
6	040309001001	金属栏杆	1. 栏杆材质、规格：φ50钢管； 2. 油漆品种、工艺要求：红丹防锈漆两遍，两端采用木楔封堵	m	6.6			

2.2.4 实例 2-4

1. 背景资料

某小游园内园路铺装及驳岸设计如图 2-5 和图 2-6 所示。

计算说明：

(1) 每延长米园路嵌草面积 0.198m²，草坪种类为百慕大，养护期三个月。

(2) 天然块石最大块径 20～30cm，每延长米用量 0.278t。

(3) 园路及驳岸计算长度均为 10m。

(4) 驳岸不计池底以下部分的工程量。

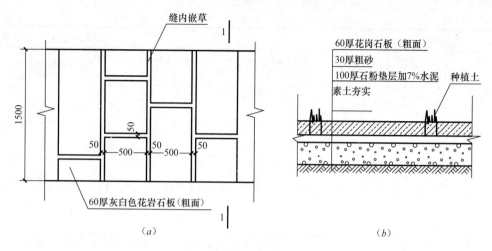

(a)　(b)

图 2-5　园路平面与剖面图

(a) 平面；(b) 1—1

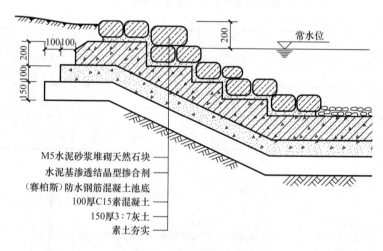

图 2-6　石砌驳岸剖面图

(5) 计算结果保留三位小数。

2. 问题

根据以上背景资料及现行国家标准《建设工程工程量清单计价规范》GB 50500—2013、《园林绿化工程工程量计算规范》GB 50858—2013，试列出要求计算项目的分部分项工程量清单。

3. 参考答案（表 2-9 和表 2-10）

清单工程量计算表　　　　　　　　　　　　　　　　　表 2-9

工程名称：某工程

序号	项目编码	清单项目名称	计算式	工程量合计	计量单位
1	050102014001	植草砖内植草	每延长米园路嵌草面积 0.198m²，草坪种类为百慕大，养护期三个月。 0.198×10=1.98（m²）	1.98	m²

2 园路、园桥工程

续表

序号	项目编码	清单项目名称	计算式	工程量合计	计量单位
2	050201001001	园路	园路宽为1.5m。 10×1.5=15（m²）	15	m²
3	050202001001	石砌驳岸	天然块石最大块径20～30cm，每延长米用量0.278t。 0.278×10=2.78（t）	2.78	t

分部分项工程和单价措施项目清单与计价表　　　　表2-10

工程名称：某工程

序号	项目编码	项目名称	项目特征描述	计量单位	工程量	金额（元）		其中
						综合单价	合价	暂估价
绿化工程								
1	050102014001	植草砖内植草	1. 草坪种类：百慕大； 2. 养护期：三个月					
园路、园桥工程								
2	050201001001	园路	1. 路床土石类别：素土； 2. 垫层厚度、宽度、材料种类：30mm厚粗砂、100mm厚石粉垫层加7%水泥； 3. 路面厚度、宽度、材料种类：60mm厚花岗石板（粗面）					
3	050202001001	石砌驳岸	1. 石料种类、规格：天然石块、最大块径20～30cm； 2. 驳岸截面：阶梯型； 3. 砂浆强度等级、配合比：M5水泥砂浆					

2.2.5 实例2-5

1. 背景资料

某园林工程中需建一条2.0m宽园路，长50m，该园路的平面及剖面图，如图2-7和图2-8所示。

计算说明：

（1）不考虑土方工程量。

（2）仅计算路面工程量。

（3）计算时，不考虑砖缝所占的面积。

（4）计算结果保留三位小数。

2. 问题

根据以上背景资料及现行国家标准《建设工程工程量清单计价规范》GB 50500—

2013、《园林绿化工程工程量计算规范》GB 50858—2013，试列出要求计算的分部分项工程量清单。

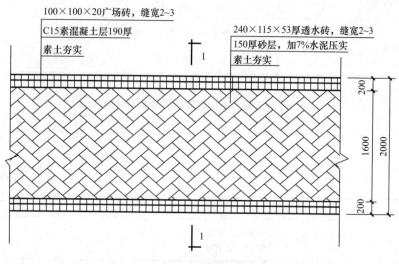

图 2-7　园路平面图

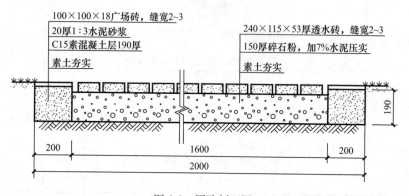

图 2-8　园路剖面图

3. 参考答案（表 2-11 和表 2-12）

清单工程量计算表　　　　　　　　　　　　　　　　　　　　　　　　　表 2-11

工程名称：某园林绿化工程

序号	项目编码	清单项目名称	计算式	工程量合计	计量单位
1	050201001001	园路	240mm×115mm×53mm 透水砖，150mm 厚碎石粉，加 7% 水泥，宽度 1.6m。 1.6×50＝80（m²）	80	m²
2	050201001002	园路	100mm×100mm×18mm 广场砖，190mm 厚 C15 素混凝土层、20mm 厚 1:3 水泥砂浆，宽度 0.2m。 0.2×2×50＝20（m²）	20	m²

2 园路、园桥工程

分部分项工程和单价措施项目清单与计价表

表 2-12

工程名称：某园林绿化工程

序号	项目编码	项目名称	项目特征描述	计量单位	工程量	金额（元）		
						综合单价	合价	其中 暂估价
1	050201001001	园路	1. 路床土石类别：素土夯实； 2. 垫层厚度、宽度、材料种类：150mm 厚碎石粉，加 7％水泥，宽度 1.6m； 3. 路面厚度、宽度、材料种类：240×115×53mm 透水砖，1.6m	m²	80			
2	050201001002	园路	1. 路床土石类别：素土夯实； 2. 垫层厚度、宽度、材料种类：190mm 厚 C15 素混凝土层，20mm 厚 1∶3 水泥砂浆，宽度 0.2m； 3. 路面厚度、宽度、材料种类：100×100×18mm 广场砖，宽度 0.2m	m²	20			

3 园林景观工程与措施项目

针对《园林绿化工程工程量计算规范》GB 50858—2013（以下简称"13 规范"）、《建设工程工程量清单计价规范》GB 50500—2008（以下简称"08 规范"），"13 规范"在项目编码、项目名称、项目特征、计量单位、工程量计算规则、工作内容等方面，均有变化。

1. 园林景观工程

（1）清单项目变化

"13 规范"在"08 规范"的基础上，园林景观工程增加 20 个项目，新增措施项目 33 个，具体如下：

1）堆塑假山：由"08 规范"E.2.2 节整体移至本节。

2）亭廊屋面：增加"油毡瓦屋面"项目，除预制混凝土穹顶外，取消"混凝土斜屋面板、现浇混凝土和预制混凝土攒尖亭屋面板"等 3 个与仿古建筑工程重复的项目。

3）花架：增加"竹花架柱、梁"项目。

4）园林桌椅：增加"水磨石飞来椅"和"水磨石石凳"两个项目，取消"木制飞来椅"项目。

5）喷泉安装：增加"喷泉设备"项目。

6）杂项：增加"石球、塑料栏杆、钢筋混凝土艺术围栏、景墙、景窗、花饰、博古架、花盆（坛、箱）、摆花、花池、垃圾箱、其他景观小摆设、柔性水池"等项目。

（2）应注意的问题

1）柱顶石（磉蹬石）、钢筋混凝土屋面板、钢筋混凝土亭屋面板、木柱、木屋架、钢柱、钢屋架、屋面木基层和防水层等，应按《房屋建筑与装饰工程工程量计算规范》GB 50854 中相关项目编码列项。

2）膜结构的亭、廊，应按《房屋建筑与装饰工程工程量计算规范》GB 50854 中相关项目编码列项。

3）花架基础、玻璃天棚、表面装饰及涂料项目应按《房屋建筑与装饰工程工程量计算规范》GB 50854 中相关项目编码列项。

4）木制飞来椅按《仿古建筑工程工程量计算规范》GB 50855 相关项目编码列项。

5）喷泉水池应按《房屋建筑与装饰工程工程量计算规范》GB 50854 中相关项目编码列项。

6）管架项目按《房屋建筑与装饰工程工程量计算规范》GB 50854 附录 F 中钢支架项目单独编码列项。

2. 措施项目

（1）清单项目变化

"13 规范"在"08 规范"的基础上，新增措施项目 5 节 33 项，具体如下：

脚手架工程（单价措施项目）：新增砌筑脚手架、抹灰脚手架、亭脚手架、满堂脚手架、堆砌（塑）假山脚手架、桥身脚手架、斜道等。

模板工程（单价措施项目）：新增7个现浇混凝土项目及1个拱券石项目。

树木支撑架、草绳绕树干、搭设遮阴（防寒）棚工程（单价措施项目）：新增树木支撑架、草绳绕树干、搭设遮阴（防寒）棚、反季节栽植影响措施等项目。

围堰、排水工程（单价措施项目）：新增围堰、排水等两个清单项目。

安全文明施工及其他措施项目（总价措施项目）：新增安全文明施工、夜间施工、非夜间施工照明、二次搬运、冬雨季施工、反季节栽植影响措施、地上地下设施的临时保护设施、已完工程及设备保护等。

（2）应注意的问题

安全文明施工及其他措施项目属于总价措施项目，应按照清单项目分别列出各自的工作内容及包含范围。

3.1 园林景观工程工程量计算依据六项变化及说明

3.1.1 堆塑假山

堆塑假山工程量清单项目设置、项目特征描述的内容、计量单位、工程量计算规则等的变化对照情况，见表3-1。

堆塑假山（编码：050301） 表3-1

序号	版别	项目编码	项目名称	项目特征	工程量计算规则	工作内容
1	13规范	050301001	堆筑土山丘	1. 土丘高度； 2. 土丘坡度要求； 3. 土丘底外接矩形面积	按设计图示山丘水平投影外接矩形面积乘以高度的1/3以体积计算（计量单位：m^3）	1. 取土、运土； 2. 堆砌、夯实； 3. 修整
	08规范	050202001	堆筑土山丘			1. 取土； 2. 运土； 3. 堆砌、夯实； 4. 修整
	说明：工作内容将原来的"取土"和"运土"归并为"取土、运土"					
2	13规范	050301002	堆砌石假山	1. 堆砌高度； 2. 石料种类、单块重量； 3. 混凝土强度等级； 4. 砂浆强度等级、配合比	按设计图示尺寸以质量计算（计量单位：t）	1. 选料； 2. 起重机搭、拆； 3. 堆砌、修整
	08规范	050202002	堆砌石假山			
	说明：各项目内容未作修改					
3	13规范	050301003	塑假山	1. 假山高度； 2. 骨架材料种类、规格； 3. 山皮料种类； 4. 混凝土强度等级； 5. 砂浆强度等级、配合比； 6. 防护材料种类	按设计图示尺寸以展开面积计算（计量单位：m^2）	1. 骨架制作； 2. 假山胎模制作； 3. 塑假山； 4. 山皮料安装； 5. 刷防护材料
	08规范	050202003	塑假山			
	说明：各项目内容未作修改					

续表

序号	版别	项目编码	项目名称	项目特征	工程量计算规则	工作内容
4	13规范	050301004	石笋	1. 石笋高度; 2. 石笋材料种类; 3. 砂浆强度等级、配合比	1. 以块（支、个）计量，按设计图示数量计算（计量单位：支）; 2. 以吨计量，按设计图示石料质量计算（计量单位：t）	1. 选石料; 2. 石笋安装
	08规范	050202004	石笋		按设计图示数量计算（计量单位：支）	
	说明：工程量计算规则新增"以吨计量，按设计图示石料质量计算（计量单位：t）"					
5	13规范	050301005	点风景石	1. 石料种类; 2. 石料规格、重量; 3. 砂浆配合比	1. 以块（支、个）计量，按设计图示数量计算（计量单位：块）; 2. 以吨计量，按设计图示石料质量计算（计量单位：t）	1. 选石料; 2. 起重架搭、拆; 3. 点石
	08规范	050202005	点风景石		按设计图示数量计算（计量单位：块）	
	说明：工程量计算规则新增"以吨计量，按设计图示石料质量计算（计量单位：t）"					
6	13规范	050301006	池、盆景置石	1. 底盘种类; 2. 山石高度; 3. 山石种类; 4. 混凝土砂浆强度等级; 5. 砂浆强度等级、配合比	1. 以块（支、个）计量，按设计图示数量计算（计量单位：座）; 2. 以吨计量，按设计图示石料质量计算（计量单位：个）	1. 底盘制作、安装; 2. 池、盆景山石安装、砌筑
	08规范	050202006	池石、盆景山		按设计图示数量计算（计量单位：座或个）	1. 底盘制作、安装; 2. 池石、盆景山石安装、砌筑
	说明：项目名称修改为"池、盆景置石"。工程量计算规则拆分说明。工作内容将原来的"池石、盆景山石安装、砌筑"修改为"池、盆景山石安装、砌筑"					
7	13规范	050301007	山（卵）石护角	1. 石料种类、规格; 2. 砂浆配合比	按设计图示尺寸以体积计算（计量单位：m³）	1. 石料加工; 2. 砌石
	08规范	050202007	山石护角			
	说明：项目名称扩展为"山（卵）石护角"					

续表

序号	版别	项目编码	项目名称	项目特征	工程量计算规则	工作内容
8	13规范	050301008	山坡（卵）石台阶	1. 石料种类、规格； 2. 台阶坡度； 3. 砂浆强度等级	按设计图示尺寸以水平投影面积计算（计量单位：m²）	1. 选石料； 2. 台阶砌筑
	08规范	050202008	山坡石台阶			
	说明：项目名称扩展为"山坡（卵）石台阶"					

注：1. 假山（堆筑土山丘除外）工程的挖土方、开凿石方、回填等应按现行国家标准《房屋建筑与装饰工程工程量计算规范》GB 50854相关项目编码列项。
2. 如遇某些构配件使用钢筋混凝土或金属构件时，应按现行国家标准《房屋建筑与装饰工程工程量计算规范》GB 50854或《市政工程工程量计算规范》GB 50857相关项目编码列项。
3. 散铺河滩石按点风景石项目单独编码列项。
4. 堆筑土山丘，适用于夯填、堆筑而成。

3.1.2 原木、竹构件

原木、竹构件工程量清单项目设置、项目特征描述的内容、计量单位、工程量计算规则等的变化对照情况，见表3-2。

原木、竹构件（编码：050302）　　　　　　　　　　表3-2

序号	版别	项目编码	项目名称	项目特征	工程量计算规则	工作内容
1	13规范	050302001	原木（带树皮）柱、梁、檩、椽	1. 原木种类； 2. 原木直（梢）径（不含树皮厚度）； 3. 墙龙骨材料种类、规格； 4. 墙底层材料种类、规格； 5. 构件联结方式； 6. 防护材料种类	按设计图示尺寸以长度计算（包括榫长）（计量单位：m）	1. 构件制作； 2. 构件安装； 3. 刷防护材料
	08规范	050301001	原木（带树皮）柱、梁、檩、椽	1. 原木种类； 2. 原木梢径（不含树皮厚度）； 3. 墙龙骨材料种类、规格； 4. 墙底层材料种类、规格； 5. 构件联结方式； 6. 防护材料种类		
	说明：项目特征描述将原来的"原木梢径（不含树皮厚度）"简化为"原木直（梢）径（不含树皮厚度）"					
2	13规范	050302002	原木（带树皮）墙	1. 原木种类； 2. 原木直（梢）径（不含树皮厚度）； 3. 墙龙骨材料种类、规格； 4. 墙底层材料种类、规格； 5. 构件联结方式； 6. 防护材料种类	按设计图示尺寸以面积计算（不包括柱、梁）（计量单位：m²）	1. 构件制作； 2. 构件安装； 3. 刷防护材料
	08规范	050301002	原木（带树皮）墙	1. 原木种类； 2. 原木梢径（不含树皮厚度）； 3. 墙龙骨材料种类、规格； 4. 墙底层材料种类、规格； 5. 构件联结方式； 6. 防护材料种类		
	说明：项目特征描述将原来的"原木梢径（不含树皮厚度）"简化为"原木直（梢）径（不含树皮厚度）"					

续表

序号	版别	项目编码	项目名称	项目特征	工程量计算规则	工作内容
3	13规范	050302003	树枝吊挂楣子	1. 原木种类； 2. 原木直（梢）径（不含树皮厚度）； 3. 墙龙骨材料种类、规格； 4. 墙底层材料种类、规格； 5. 构件联结方式； 6. 防护材料种类	按设计图示尺寸以框外围面积计算（计量单位：m²）	1. 构件制作； 2. 构件安装； 3. 刷防护材料
	08规范	050301003	树枝吊挂楣子	1. 原木种类； 2. 原木梢径（不含树皮厚度）； 3. 墙龙骨材料种类、规格； 4. 墙底层材料种类、规格； 5. 构件联结方式； 6. 防护材料种类		
	说明：项目特征描述将原来的"原木梢径（不含树皮厚度）"简化为"原木直（梢）径（不含树皮厚度）"					
4	13规范	050302004	竹柱、梁、檩、椽	1. 竹种类； 2. 竹直（梢）径； 3. 连接方式； 4. 防护材料种类	按设计图示尺寸以长度计算（计量单位：m）	1. 构件制作； 2. 构件安装； 3. 刷防护材料
	08规范	050301004	竹柱、梁、檩、椽	1. 竹种类； 2. 竹梢径； 3. 连接方式； 4. 防护材料种类		
	说明：项目特征描述将原来的"竹梢径"修改为"竹直（梢）径"					
5	13规范	050302005	竹编墙	1. 竹种类； 2. 墙龙骨材料种类、规格； 3. 墙底层材料种类、规格； 4. 防护材料种类	按设计图示尺寸以面积计算（不包括柱、梁）（计量单位：m²）	1. 构件制作； 2. 构件安装； 3. 刷防护材料
	08规范	050301005	竹编墙			
	说明：各项目内容未作修改					
6	13规范	050302006	竹吊挂楣子	1. 竹种类； 2. 竹梢径； 3. 防护材料种类	按设计图示尺寸以框外围面积计算（计量单位：m²）	1. 构件制作； 2. 构件安装； 3. 刷防护材料
	08规范	050301006	竹吊挂楣子			
	说明：各项目内容未作修改					

注：1. 木构件连接方式应包括：开榫连接、铁件连接、扒钉连接、铁钉连接。
　　2. 竹构件连接方式应包括：竹钉固定、竹篾绑扎、铁丝连接。

3.1.3　亭廊屋面

亭廊屋面工程量清单项目设置、项目特征描述的内容、计量单位、工程量计算规则等的变化对照情况，见表3-3。

3 园林景观工程与措施项目

亭廊屋面（编码：050303）　　　　　　　　　　　　　表 3-3

序号	版别	项目编码	项目名称	项目特征	工程量计算规则	工作内容
1	13规范	050303001	草屋面	1. 屋面坡度； 2. 铺草种类； 3. 竹材种类； 4. 防护材料种类	按设计图示尺寸以斜面计算（计量单位：m²）	1. 整理、选料； 2. 屋面铺设； 3. 刷防护材料
	08规范	050302001	草屋面		按设计图示尺寸以斜面面积计算（计量单位：m²）	
	说明：工程量计算规则将原来的"以斜面面积计算"修改为"以斜面计算"					
2	13规范	050303002	竹屋面	1. 屋面坡度； 2. 铺草种类； 3. 竹材种类； 4. 防护材料种类	按设计图示尺寸以实铺面积计算（不包括柱、梁）（计量单位：m²）	1. 整理、选料； 2. 屋面铺设； 3. 刷防护材料
	08规范	050302002	竹屋面		按设计图示尺寸以斜面面积计算（计量单位：m²）	
	说明：工程量计算规则将原来的"以斜面面积计算"修改为"以实铺面积计算"					
3	13规范	050303003	树皮屋面	1. 屋面坡度； 2. 铺草种类； 3. 竹材种类； 4. 防护材料种类	按设计图示尺寸以屋面结构外围面积计算（计量单位：m²）	1. 整理、选料； 2. 屋面铺设； 3. 刷防护材料
	08规范	050302003	树皮屋面		按设计图示尺寸以斜面面积计算（计量单位：m²）	
	说明：工程量计算规则将原来的"以斜面面积计算"修改为"以屋面结构外围面积计算"					
4	13规范	050303004	油毡瓦屋面	1. 冷底子油品种； 2. 冷底子油涂刷遍数； 3. 油毡瓦颜色规格	按设计图示尺寸以斜面计算（计量单位：m²）	1. 清理基层； 2. 材料裁接； 3. 刷油； 4. 铺设
	08规范	—	—	—	—	—
	说明：新增项目内容					
5	13规范	050303005	预制混凝土穹顶	1. 穹顶弧长、直径； 2. 肋截面尺寸； 3. 板厚； 4. 混凝土强度等级； 5. 拉杆材质、规格	按设计图示尺寸以体积计算。混凝土脊和穹顶的肋、基梁并入屋面体积（计量单位：m³）	1. 模板制作、运输、安装、拆除、保养； 2. 混凝土制作、运输、浇筑、振捣、养护； 3. 构件运输、安装； 4. 砂浆制作、运输； 5. 接头灌缝、养护

续表

序号	版别	项目编码	项目名称	项目特征	工程量计算规则	工作内容
5	08规范	050302007	就位预制混凝土穹顶	1. 亭屋面坡度； 2. 穹顶弧长、直径； 3. 肋截面尺寸； 4. 板厚； 5. 混凝土强度等级； 6. 砂浆强度等级； 7. 拉杆材质、规格	按设计图示尺寸以体积计算。混凝土脊和穹顶的肋、基梁并入屋面体积（计量单位：m³）	1. 混凝土制作、运输、浇筑、振捣、养护； 2. 预埋铁件、拉杆安装； 3. 构件出槽、养护、安装； 4. 接头灌缝
	说明：项目名称简化为"预制混凝土穹顶"。项目特征描述删除原来的"亭屋面坡度"和"砂浆强度等级"。工程内容新增"模板制作、运输、安装、拆除、保养"、"构件运输、安装"和"砂浆制作、运输"，将原来的"接头灌缝"扩展为"接头灌缝、养护"，删除原来的"预埋铁件、拉杆安装"和"构件出槽、养护、安装"					
6	13规范	050303006	彩色压型钢板（夹芯板）攒尖亭屋面板	1. 屋面坡度； 2. 穹顶弧长、直径； 3. 彩色压型钢（夹芯）板品种、规格； 4. 拉杆材质、规格； 5. 嵌缝材料种类； 6. 防护材料种类	按设计图示尺寸以实铺面积计算（计量单位：m²）	1. 压型板安装； 2. 护角、包角、泛水安装； 3. 嵌缝； 4. 刷防护材料
	08规范	050302008	彩色压型钢板（夹芯板）攒尖亭屋面板	1. 屋面坡度； 2. 穹顶弧长、直径； 3. 彩色压型钢板（夹芯板）品种、规格、品牌、颜色； 4. 拉杆材质、规格； 5. 嵌缝材料种类； 6. 防护材料种类	按设计图示尺寸以面积计算（计量单位：m²）	
	说明：项目特征描述将原来的"彩色压型钢板（夹芯板）品种、规格、品牌、颜色"简化为"彩色压型钢（夹芯）板品种、规格"。工程量计算规则将原来的"以面积计算"修改为"以实铺面积计算"					
7	13规范	050303007	彩色压型钢板（夹芯板）穹顶	1. 屋面坡度； 2. 穹顶弧长、直径； 3. 彩色压型钢板品种、规格； 4. 拉杆材质、规格； 5. 嵌缝材料种类； 6. 防护材料种类	按设计图示尺寸以实铺面积计算（计量单位：m²）	1. 压型板安装； 2. 护角、包角、泛水安装； 3. 嵌缝； 4. 刷防护材料
	08规范	050302009	彩色压型钢板（夹芯板）穹顶	1. 屋面坡度； 2. 穹顶弧长、直径； 3. 彩色压型钢板（夹芯板）品种、规格、品牌、颜色； 4. 拉杆材质、规格； 5. 嵌缝材料种类； 6. 防护材料种类	按设计图示尺寸以面积计算（计量单位：m²）	
	说明：项目特征描述将原来的"彩色压型钢板（夹芯板）品种、规格、品牌、颜色"简化为"彩色压型钢（夹芯）板品种、规格"。工程量计算规则将原来的"以面积计算"修改为"以实铺面积计算"					

3 园林景观工程与措施项目

续表

序号	版别	项目编码	项目名称	项目特征	工程量计算规则	工作内容
8	13规范	050303008	玻璃屋面	1. 屋面坡度； 2. 龙骨材质、规格； 3. 玻璃材质、规格； 4. 防护材料种类	按设计图示尺寸以实铺面积计算（计量单位：m^2）	1. 制作； 2. 运输； 3. 安装
	08规范	—	—	—	—	—
	说明：新增项目内容					
9	13规范	050303009	木（防腐木）屋面	1. 木（防腐木）种类； 2. 防护层处理	按设计图示尺寸以实铺面积计算（计量单位：m^2）	1. 制作； 2. 运输； 3. 安装
	08规范	—	—	—	—	—
	说明：新增项目内容					

注：1. 柱顶石（磉蹬石）、钢筋混凝土屋面板、钢筋混凝土亭屋面板、木柱、木屋架、钢柱、钢屋架、屋面木基层和防水层等，应按现行国家标准《房屋建筑与装饰工程工程量计算规范》GB 50854 中相关项目编码列项。
2. 膜结构的亭、廊，应按现行国家标准《仿古建筑工程工程量计算规范》GB 50855 及《房屋建筑与装饰工程工程量计算规范》GB 50854 中相关项目编码列项。
3. 竹构件连接方式应包括：竹钉固定、竹篾绑扎、铁丝连接。

3.1.4 花架

花架工程量清单项目设置、项目特征描述的内容、计量单位、工程量计算规则等的变化对照情况，见表3-4。

亭廊屋面（编码：050304） 表3-4

序号	版别	项目编码	项目名称	项目特征	工程量计算规则	工作内容
1	13规范	050304001	现浇混凝土花架柱、梁	1. 柱截面、高度、根数； 2. 盖梁截面、高度、根数； 3. 连系梁截面、高度、根数； 4. 混凝土强度等级	按设计图示尺寸以体积计算（计量单位：m^3）	1. 模板制作、运输、安装、拆除、保养； 2. 混凝土制作、运输、浇筑、振捣、养护
	08规范	050303001	现浇混凝土花架柱、梁			1. 土（石）方挖运； 2. 混凝土制作、运输、浇筑、振捣、养护
	说明：工作内容新增"模板制作、运输、安装、拆除、保养"，删除原来的"土（石）方挖运"					
2	13规范	050304002	预制混凝土花架柱、梁	1. 柱截面、高度、根数； 2. 盖梁截面、高度、根数； 3. 连系梁截面、高度、根数； 4. 混凝土强度等级； 5. 砂浆配合比	按设计图示数量计算（计量单位：个）	1. 模板制作、运输、安装、拆除、保养； 2. 混凝土制作、运输、浇筑、振捣、养护； 3. 构件运输、安装； 4. 砂浆制作、运输； 5. 接头灌缝、养护

续表

序号	版别	项目编码	项目名称	项目特征	工程量计算规则	工作内容
2	08规范	050303002	预制混凝土花架柱、梁	1. 柱截面、高度、根数； 2. 盖梁截面、高度、根数； 3. 连系梁截面、高度、根数； 4. 混凝土强度等级； 5. 砂浆配合比	按设计图示数量计算（计量单位：个）	1. 土（石）方挖运； 2. 混凝土制作、运输、浇筑、振捣、养护； 3. 构件制作、运输、安装； 4. 砂浆制作、运输； 5. 接头灌缝、养护
	说明：工作内容新增"模板制作、运输、安装、拆除、保养"，将原来的"构件制作、运输、安装"简化为"构件运输、安装"，删除原来的"土（石）方挖运"						
3	13规范	050304003	金属花架柱、梁	1. 钢材品种、规格； 2. 柱、梁截面； 3. 油漆品种、刷漆遍数	按设计图示尺寸以质量计算（计量单位：t）	1. 制作、运输； 2. 安装； 3. 油漆
	08规范	050303004	金属花架柱、梁		按设计图示以质量计算（计量单位：t）	1. 土（石）方挖运； 2. 混凝土制作、运输、浇筑、振捣、养护； 3. 构件制作、运输、安装； 4. 刷防护材料、油漆
	说明：工程量计算规则将原来的"按设计图示以质量计算"扩展为"按设计图示尺寸以质量计算"。工作内容将原来的"混凝土制作、运输、浇筑、振捣、养护"和"构件制作、运输、安装"简化为"制作、运输"和"安装"，"刷防护材料、油漆"简化为"油漆"，删除原来的"土（石）方挖运"						
4	13规范	050304004	木花架柱、梁	1. 木材种类； 2. 柱、梁截面； 3. 连接方式； 4. 防护材料种类	按设计图示截面乘长度（包括榫长）以体积计算（计量单位：m³）	1. 构件制作、运输、安装； 2. 刷防护材料、油漆
	08规范	050303003	木花架柱、梁			1. 土（石）方挖运； 2. 混凝土制作、运输、浇筑、振捣、养护； 3. 构件制作、运输、安装； 4. 刷防护材料、油漆
	说明：工作内容删除原来的"土（石）方挖运"和"混凝土制作、运输、浇筑、振捣、养护"						
5	13规范	050304005	竹花架柱、梁	1. 竹种类； 2. 竹胸径； 3. 油漆品种、刷漆遍数	1. 以长度计量，按设计图示花架构件尺寸以延长米计算（计量单位：m）； 2. 以根计量，按设计图示花架柱、梁数量计算（计量单位：根）	1. 制作； 2. 运输； 3. 安装； 4. 油漆
	08规范	—	—	—	—	—
	说明：新增项目内容						

注：花架基础、玻璃天棚、表面装饰及涂料项目应按现行国家标准《房屋建筑与装饰工程工程量计算规范》GB 50854中相关项目编码列项。

3 园林景观工程与措施项目

3.1.5 园林桌椅

园林桌椅工程量清单项目设置、项目特征描述的内容、计量单位、工程量计算规则等的变化对照情况，见表3-5。

园林桌椅（编码：050305） 表3-5

序号	版别	项目编码	项目名称	项目特征	工程量计算规则	工作内容
1	13规范	050305001	预制钢筋混凝土飞来椅	1. 座凳面厚度、宽度； 2. 靠背扶手截面； 3. 靠背截面； 4. 座凳楣子形状、尺寸； 5. 混凝土强度等级； 6. 砂浆配合比	按设计图示尺寸以座凳面中心线长度计算（计量单位：m）	1. 模板制作、运输、安装、拆除、保养； 2. 混凝土制作、运输、浇筑、振捣、养护； 3. 构件运输、安装； 4. 砂浆制作、运输、抹面、养护； 5. 接头灌缝、养护
1	08规范	050304002	钢筋混凝土飞来椅	1. 座凳面厚度、宽度； 2. 靠背扶手截面； 3. 靠背截面； 4. 座凳楣子形状、尺寸； 5. 混凝土强度等级； 6. 砂浆配合比； 7. 油漆品种、刷油遍数		1. 混凝土制作、运输、浇筑、振捣、养护； 2. 预制件运输、安装； 3. 砂浆制作、运输、抹面、养护； 4. 刷油漆
	说明：项目名称扩展为"预制钢筋混凝土飞来椅"。项目特征描述删除原来的"油漆品种、刷油遍数"。工作内容新增"模板制作、运输、安装、拆除、保养"和"接头灌缝、养护"，将原来的"预制件运输、安装"修改为"构件运输、安装"，删除原来的"刷油漆"					
2	13规范	050305002	水磨石飞来椅	1. 座凳面厚度、宽度； 2. 靠背扶手截面； 3. 靠背截面； 4. 座凳楣子形状、尺寸； 5. 砂浆配合比	按设计图示尺寸以座凳面中心线长度计算（计量单位：m）	1. 砂浆制作、运输； 2. 制作； 3. 运输； 4. 安装
2	08规范	—	—	—	—	—
	说明：新增项目内容					
3	13规范	050305003	竹制飞来椅	1. 竹材种类； 2. 座凳面厚度、宽度； 3. 靠背扶手截面； 4. 靠背截面； 5. 座凳楣子形状； 6. 铁件尺寸、厚度； 7. 防护材料种类	按设计图示尺寸以座凳面中心线长度计算（计量单位：m）	1. 座凳面、靠背扶手、靠背、楣子制作、安装； 2. 铁件安装； 3. 刷防护材料

续表

序号	版别	项目编码	项目名称	项目特征	工程量计算规则	工作内容
3	08规范	050304003	竹制飞来椅	1. 竹材种类； 2. 座凳面厚度、宽度； 3. 靠背扶手梢径； 4. 靠背截面； 5. 座凳楣子形状、尺寸； 6. 铁件尺寸、厚度； 7. 防护材料种类	按设计图示尺寸以座凳面中心线长度计算（计量单位：m）	1. 座凳面、靠背扶手、靠背、楣子制作、安装； 2. 铁件安装； 3. 刷防护材料
	说明：项目特征描述将原来的"靠背扶手梢径"修改为"靠背扶手截面"，"座凳楣子形状、尺寸"简化为"座凳楣子形状"					
4	13规范	050305004	现浇混凝土桌凳	1. 桌凳形状； 2. 基础尺寸、埋设深度； 3. 桌面尺寸、支墩高度； 4. 凳面尺寸、支墩高度； 5. 混凝土强度等级、砂浆配合比	按设计图示数量计算（计量单位：个）	1. 模板制作、运输、安装、拆除、保养； 2. 混凝土制作、运输、浇筑、振捣、养护； 3. 砂浆制作、运输
	08规范	950304004	现浇混凝土桌凳			1. 土方挖运； 2. 混凝土制作、运输、浇筑、振捣、养护； 3. 桌凳制作； 4. 砂浆制作、运输； 5. 桌凳安装、砌筑
	说明：工作内容新增"模板制作、运输、安装、拆除、保养"，删除原来的"土方挖运"和"桌凳安装、砌筑"					
5	13规范	050305005	预制混凝土桌凳	1. 桌凳形状； 2. 基础形状、尺寸、埋设深度； 3. 桌面形状、尺寸、支墩高度； 4. 凳面尺寸、支墩高度； 5. 混凝土强度等级； 6. 砂浆配合比	按设计图示数量计算（计量单位：个）	1. 模板制作、运输、安装、拆除、保养； 2. 混凝土制作、运输、浇筑、振捣、养护； 3. 构件运输、安装； 4. 砂浆制作、运输； 5. 接头灌缝、养护
	08规范	050304005	预制混凝土桌凳			1. 混凝土制作、运输、浇筑、振捣、养护； 2. 预制件制作、运输、安装； 3. 砂浆制作、运输； 4. 接头灌缝、养护
	说明：工作内容新增"模板制作、运输、安装、拆除、保养"，将原来的"预制件运输、安装"修改为"构件运输、安装"					

3 园林景观工程与措施项目

续表

序号	版别	项目编码	项目名称	项目特征	工程量计算规则	工作内容
6	13规范	050305006	石桌石凳	1. 石材种类； 2. 基础形状、尺寸、埋设深度； 3. 桌面形状、尺寸、支墩高度； 4. 凳面尺寸、支墩高度； 5. 混凝土强度等级； 6. 砂浆配合比	按设计图示数量计算（计量单位：个）	1. 土方挖运； 2. 桌凳制作； 3. 桌凳运输； 4. 桌凳安装； 5. 砂浆制作、运输
	08规范	050304006	石桌石凳			1. 土方挖运； 2. 混凝土制作、运输、浇筑、振捣、养护； 3. 桌凳制作； 4. 砂浆制作、运输； 5. 桌凳安砌
	说明：工作内容新增"桌凳运输"和"桌凳安装"，删除原来的"混凝土制作、运输、浇筑、振捣、养护"和"桌凳安砌"					
7	2013计量规范	050305007	水磨石桌凳	1. 基础形状、尺寸、埋设深度； 2. 桌面形状、尺寸、支墩高度； 3. 凳面尺寸、支墩高度； 4. 混凝土强度等级； 5. 砂浆配合比	按设计图示数量计算（计量单位：个）	1. 桌凳制作； 2. 桌凳运输； 3. 桌凳安装； 4. 砂浆制作、运输
	08规范	—	—	—	—	—
	说明：新增项目内容					
8	13规范	050305008	塑树根桌凳	1. 桌凳直径； 2. 桌凳高度； 3. 砖石种类； 4. 砂浆强度等级、配合比； 5. 颜料品种、颜色	按设计图示数量计算（计量单位：个）	1. 砂浆制作、运输； 2. 砖石砌筑； 3. 塑树皮； 4. 绘制木纹
	08规范	050304007	塑树根桌凳			1. 土（石）方运挖； 2. 砂浆制作、运输； 3. 砖石砌筑； 4. 塑树皮； 5. 绘制木纹
	说明：工作内容删除原来的"土（石）方运挖"					
9	13规范	050305009	塑树节椅	1. 桌凳直径； 2. 桌凳高度； 3. 砖石种类； 4. 砂浆强度等级、配合比； 5. 颜料品种、颜色	按设计图示数量计算（计量单位：个）	1. 砂浆制作、运输； 2. 砖石砌筑； 3. 塑树皮； 4. 绘制木纹
	08规范	950304008	塑树节椅			1. 土（石）方运挖； 2. 砂浆制作、运输； 3. 砖石砌筑； 4. 塑树皮； 5. 绘制木纹
	说明：工作内容删除原来的"土（石）方运挖"					

续表

序号	版别	项目编码	项目名称	项目特征	工程量计算规则	工作内容
10	13规范	050305010	塑料、铁艺、金属椅	1. 木座板面截面； 2. 座椅规格、颜色； 3. 混凝土强度等级； 4. 防护材料种类	按设计图示数量计算（计量单位：个）	1. 制作； 2. 安装； 3. 刷防护材料
	08规范	050304009	塑料、铁艺、金属椅	1. 木座板面截面； 2. 塑料、铁艺、金属椅规格、颜色； 3. 混凝土强度等级； 4. 防护材料种类		1. 土（石）方挖运； 2. 混凝土制作、运输、浇筑、振捣、养护； 3. 座椅安装； 4. 木座板制作、安装； 5. 刷防护材料

说明：项目特征描述将原来的"塑料、铁艺、金属椅规格、颜色"简化为"座椅规格、颜色"。工作内容将原来的"混凝土制作、运输、浇筑、振捣、养护"、"座椅安装"和"木座板制作、安装"简化为"制作"和"安装"，删除原来的"土（石）方挖运"。

注：木制飞来椅按现行国家标准《仿古建筑工程工程量计算规范》GB 50855 相关项目编码列项。

3.1.6 喷泉安装

喷泉安装工程量清单项目设置、项目特征描述的内容、计量单位、工程量计算规则等的变化对照情况，见表3-6。

喷泉安装（编码：050306） 表3-6

序号	版别	项目编码	项目名称	项目特征	工程量计算规则	工作内容
1	13规范	050306001	喷泉管道	1. 管材、管件、阀门、喷头品种； 2. 管道固定方式； 3. 防护材料种类	按设计图示管道中心线长度以延长米计算，不扣除检查（阀门）井、阀门、管件及附件所占的长度（计量单位：m）	1. 土（石）方挖运； 2. 管材、管件、阀门、喷头安装； 3. 刷防护材料； 4. 回填
	08规范	050305001	喷泉管道	1. 管材、管件、水泵、阀门、喷头品种、规格、品牌； 2. 管道固定方式； 3. 防护材料种类	按设计图示尺寸以长度计算（计量单位：m）	1. 土（石）方挖运； 2. 管道、管件、水泵、阀门、喷头安装； 3. 刷防护材料； 4. 回填

说明：项目特征描述将原来的"管材、管件、水泵、阀门、喷头品种、规格、品牌"简化为"管材、管件、阀门、喷头品种"。工程量计算规则将原来的"按设计图示尺寸以长度计算"细化为"按设计图示管道中心线长度以延长米计算，不扣除检查（阀门）井、阀门、管件及附件所占的长度"。工作内容将原来的"管道、管件、水泵、阀门、喷头安装"简化为"管材、管件、阀门、喷头安装"

3 园林景观工程与措施项目

续表

序号	版别	项目编码	项目名称	项目特征	工程量计算规则	工作内容
2	13规范	050306002	喷泉电缆	1. 保护管品种、规格； 2. 电缆品种、规格	按设计图示单根电缆长度以延长米计算（计量单位：m）	1. 土（石）方挖运； 2. 电缆保护管安装； 3. 电缆敷设； 4. 回填
	08规范	50305002	喷泉电缆		按设计图示尺寸以长度计算（计量单位：m）	
	说明：工程量计算规则将原来的"按设计图示尺寸以长度计算"修改为"按设计图示单根电缆长度以延长米计算"					
3	13规范	050306003	水下艺术装饰灯具	1. 灯具品种、规格； 2. 灯光颜色	按设计图示数量计算（计量单位：套）	1. 灯具安装； 2. 支架制作、运输、安装
	08规范	050305003	水下艺术装饰灯具	1. 灯具品种、规格、品牌； 2. 灯光颜色		
	说明：项目特征描述将原来的"灯具品种、规格、品牌"简化为"灯具品种、规格"					
4	13规范	050306004	电气控制柜	1. 规格、型号； 2. 安装方式	按设计图示数量计算（计量单位：台）	1. 电气控制柜（箱）安装； 2. 系统调试
	08规范	050305004	电气控制柜			
	说明：各项目内容未作修改					
5	13规范	050306005	喷泉设备	1. 设备品种； 2. 设备规格、型号； 3. 防护网品种、规格	按设计图示数量计算（计量单位：台）	1. 设备安装； 2. 系统调试； 3. 防护网安装
	08规范	—	—	—	—	—
	说明：新增项目内容					

注：1. 喷泉水池应按现行国家标准《房屋建筑与装饰工程工程量计算规范》GB 50854 中相关项目编码列项。
　　2. 管架项目应按现行国家标准《房屋建筑与装饰工程工程量计算规范》GB 50854 中钢支架项目单独编码列项。

3.1.7 杂项

杂项工程量清单项目设置、项目特征描述的内容、计量单位、工程量计算规则等的变化对照情况，见表3-7。

杂项（编码：050307） 表3-7

序号	版别	项目编码	项目名称	项目特征	工程量计算规则	工作内容
1	13规范	050307001	石灯	1. 石料种类； 2. 石灯最大截面； 3. 石灯高度； 4. 砂浆配合比	按设计图示数量计算（计量单位：个）	1. 制作； 2. 安装

续表

序号	版别	项目编码	项目名称	项目特征	工程量计算规则	工作内容
1	08规范	050306001	石灯	1. 石料种类； 2. 石灯最大截面； 3. 石灯高度； 4. 混凝土强度等级； 5. 砂浆配合比	按设计图示数量计算（计量单位：个）	1. 土（石）方挖运； 2. 混凝土制作、运输、浇筑、振捣、养护； 3. 石灯制作、安装
	说明：项目特征描述删除原来的"混凝土强度等级"。工作内容将原来的"混凝土制作、运输、浇筑、振捣、养护"和"石灯制作、安装"简化为"制作"和"安装"，删除原来的"土（石）方挖运"					
2	13规范	050307002	石球	1. 石料种类； 2. 球体直径； 3. 砂浆配合比	按设计图示数量计算（计量单位：个）	1. 制作； 2. 安装
	08规范	—	—			
	说明：新增项目内容					
3	13规范	050307003	塑仿石音箱	1. 音箱石内空尺寸； 2. 铁丝型号； 3. 砂浆配合比； 4. 水泥漆颜色	按设计图示数量计算（计量单位：个）	1. 胎模制作、安装； 2. 铁丝网制作、安装； 3. 砂浆制作、运输； 4. 喷水泥漆； 5. 埋置仿石音箱
	08规范	050306002	塑仿石音箱	1. 音箱石内空尺寸； 2. 铁丝型号； 3. 砂浆配合比； 4. 水泥漆品牌、颜色		1. 胎模制作、安装； 2. 铁丝网制作、安装； 3. 砂浆制作、运输、养护； 4. 喷水泥漆； 5. 埋置仿石音箱
	说明：项目特征描述将原来的"水泥漆品牌、颜色"简化为"水泥漆颜色"。工作内容将原来的"砂浆制作、运输、养护"简化为"制作"和"砂浆制作、运输"					
4	13规范	050307004	塑树皮梁、柱	1. 塑树种类； 2. 塑竹种类； 3. 砂浆配合比； 4. 喷字规格、颜色； 5. 油漆品种、颜色	1. 以平方米计量，按设计图示尺寸以梁柱外表面积计算（计量单位：m^2）； 2. 以米计量，按设计图示尺寸以构件长度计算（计量单位：m）	1. 灰塑； 2. 刷涂颜料
	08规范	050306003	塑树皮梁、柱	1. 塑树种类； 2. 塑竹种类； 3. 砂浆配合比； 4. 颜料品种、颜色	按设计图示尺寸以梁柱外表面积计算或以构件长度计算（计量单位：m^2或m）	
	说明：项目特征描述新增"喷字规格、颜色"。工程量计算规则拆分说明					

3 园林景观工程与措施项目

续表

序号	版别	项目编码	项目名称	项目特征	工程量计算规则	工作内容
5	13规范	050307005	塑竹梁、柱	1. 塑树种类； 2. 塑竹种类； 3. 砂浆配合比； 4. 喷字规格、颜色； 5. 油漆品种、颜色	1. 以平方米计量，按设计图示尺寸以梁柱外表面积计算（计量单位：m²）； 2. 以米计量，按设计图示尺寸以构件长度计算（计量单位：m）	1. 灰塑； 2. 刷涂颜料
	08规范	050306004	塑竹梁、柱	1. 塑树种类； 2. 塑竹种类； 3. 砂浆配合比； 4. 颜料品种、颜色	按设计图示尺寸以梁柱外表面积计算或以构件长度计算（计量单位：m²或m）	
	说明：项目特征描述新增"喷字规格、颜色"。工程量计算规则拆分说明					
6	13规范	050307006	铁艺栏杆	1. 铁艺栏杆高度； 2. 铁艺栏杆单位长度重量； 3. 防护材料种类	按设计图示尺寸以长度计算（计量单位：m）	1. 铁艺栏杆安装； 2. 刷防护材料
	08规范	050306005	花坛铁艺栏杆			
	说明：各项目内容未作修改					
7	13规范	050307007	塑料栏杆	1. 栏杆高度； 2. 塑料种类	按设计图示尺寸以长度计算（计量单位：m）	1. 下料； 2. 安装； 3. 校正
	08规范	—	—	—	—	—
	说明：新增项目内容					
8	13规范	050307008	钢筋混凝土艺术围栏	1. 围栏高度； 2. 混凝土强度等级； 3. 表面涂敷材料种类	1. 以平方米计量，按设计图示尺寸以面积计算（计量单位：m²）； 2. 以米计量，按设计图示尺寸以延长米计算（计量单位：m）	1. 制作； 2. 运输； 3. 安装； 4. 砂浆制作、运输； 5. 接头灌缝、养护
	08规范	—	—	—	—	—
	说明：新增项目内容					
9	13规范	050307009	标志牌	1. 材料种类、规格； 2. 镌字规格、种类； 3. 喷字规格、颜色； 4. 油漆品种、颜色	按设计图示数量计算（计量单位：个）	1. 选料； 2. 标志牌制作； 3. 雕琢； 4. 镌字、喷字； 5. 运输、安装； 6. 刷油漆
	08规范	050306006	标志牌			
	说明：各项目内容未作修改					

53

续表

序号	版别	项目编码	项目名称	项目特征	工程量计算规则	工作内容
10	13规范	050307010	景墙	1. 土质类别； 2. 垫层材料种类； 3. 基础材料种类、规格； 4. 墙体材料种类、规格； 5. 墙体厚度； 6. 混凝土、砂浆强度等级、配合比； 7. 饰面材料种类	1. 以立方米计量，按设计图示尺寸以体积计算（计量单位：m³）； 2. 以段计量，按设计图示尺寸以数量计算（计量单位：段）	1. 土（石）方挖运； 2. 垫层、基础铺设； 3. 墙体砌筑； 4. 面层铺贴
	08规范	—	—	—	—	—
	说明：新增项目内容					
11	13规范	050307011	景窗	1. 景窗材料品种、规格； 2. 混凝土强度等级； 3. 砂浆强度等级、配合比； 4. 涂刷材料品种	按设计图示尺寸以面积计算（计量单位：m²）	1. 制作； 2. 运输； 3. 砌筑安放； 4. 勾缝； 5. 表面涂刷
	08规范	—	—	—	—	—
	说明：新增项目内容					
12	13规范	050307012	花饰	1. 花饰材料品种、规格； 2. 砂浆配合比； 3. 涂刷材料品种	按设计图示尺寸以面积计算（计量单位：m²）	1. 制作； 2. 运输； 3. 砌筑安放； 4. 勾缝； 5. 表面涂刷
	08规范	—	—	—	—	—
	说明：新增项目内容					
13	13规范	050307013	博古架	1. 博古架材料品种、规格； 2. 混凝土强度等级； 3. 砂浆配合比； 4. 涂刷材料品种	1. 以平方米计量，按设计图示尺寸以面积计算（计量单位：m²）； 2. 以米计量，按设计图示尺寸以延长米计算（计量单位：m）； 3. 以个计量，按设计图示数量计算（计量单位：个）	1. 制作； 2. 运输； 3. 砌筑安放； 4. 勾缝； 5. 表面涂刷
	08规范	—	—	—	—	—
	说明：新增项目内容					
14	13规范	050307014	花盆（坛、箱）	1. 花盆（坛）的材质及类型； 2. 规格尺寸； 3. 混凝土强度等级； 4. 砂浆配合比	按设计图示尺寸以数量计算（计量单位：个）	1. 制作； 2. 运输； 3. 安放
	08规范	—	—	—	—	—
	说明：新增项目内容					

3 园林景观工程与措施项目

续表

序号	版别	项目编码	项目名称	项目特征	工程量计算规则	工作内容
15	13规范	050307015	摆花	1. 花盆（钵）的材质及类型； 2. 花卉品种与规格	1. 以平方米计量，按设计图示尺寸以水平投影面积计算（计量单位：m²）； 2. 以个计量，按设计图示数量计算（计量单位：个）	1. 搬运； 2. 安放； 3. 养护； 4. 撤收
	08规范	—	—	—	—	—
	说明：新增项目内容					
16	13规范	050307016	花池	1. 土质类别； 2. 池壁材料种类、规格； 3. 混凝土、砂浆强度等级、配合比； 4. 饰面材料种类	1. 以立方米计量，按设计图示尺寸以体积计算（计量单位：m³）； 2. 以米计量，按设计图示尺寸以池壁中心线处延长米计算（计量单位：m）； 3. 以个计量，按设计图示数量计算（计量单位：个）	1. 垫层铺设； 2. 基础砌（浇）筑； 3. 墙体砌（浇）筑； 4. 面层铺贴
	08规范	—	—	—	—	—
	说明：新增项目内容					
17	13规范	050307017	垃圾箱	1. 垃圾箱材质； 2. 规格尺寸； 3. 混凝土强度等级； 4. 砂浆配合比	按设计图示尺寸以数量计算（计量单位：个）	1. 制作； 2. 运输； 3. 安放
	08规范	—	—	—	—	—
	说明：新增项目内容					
18	13规范	050307018	砖石砌小摆设	1. 砖种类、规格； 2. 石种类、规格； 3. 砂浆强度等级、配合比； 4. 石表面加工要求； 5. 勾缝要求	1. 以立方米计量，按设计图示尺寸以体积计算（计量单位：m³）； 2. 以个计量，按设计图示尺寸以数量计算（计量单位：个）	1. 砂浆制作、运输； 2. 砌砖、石； 3. 抹面、养护； 4. 勾缝； 5. 石表面加工
	08规范	050306009	砖石砌小摆设		按设计图示尺寸以体积计算或以数量计算（计量单位：m³或个）	
	说明：工程量计算规则拆分说明					

续表

序号	版别	项目编码	项目名称	项目特征	工程量计算规则	工作内容
19	13规范	050307019	其他景观小摆设	1. 名称及材质； 2. 规格尺寸	按设计图示尺寸以数量计算（计量单位：个）	1. 制作； 2. 运输； 3. 安装
	08规范	—	—	—	—	—
	说明：新增项目内容					
20	13规范	050307020	柔性水池	1. 水池深度； 2. 防水（漏）材料品种	按设计图示尺寸以水平投影面积计算（计量单位：m²）	1. 清理基层； 2. 材料裁接； 3. 铺设
	08规范	—	—	—	—	—
	说明：新增项目内容					

注：砌筑果皮箱，放置盆景的须弥座等，应按砖石砌小摆设项目编码列项。

3.1.8 相关问题及说明

（1）混凝土构件中的钢筋项目应按现行国家标准《房屋建筑与装饰工程工程量计算规范》GB 50854—2013 中相应项目编码列项。

（2）石浮雕、石镌字应按现行国家标准《仿古建筑工程工程量计算规范》GB 50855—2013 附录 B 中相应项目编码列项。

3.2 措施项目

3.2.1 脚手架工程

脚手架工程工程量清单项目设置、项目特征描述的内容、计量单位、工程量计算规则等的变化对照情况，见表 3-8。

脚手架工程（编码：050401） 表 3-8

序号	版别	项目编码	项目名称	项目特征	工程量计算规则	工作内容
1	13规范	050401001	砌筑脚手架	1. 搭设方式； 2. 墙体高度	按墙的长度乘墙的高度以面积计算（硬山建筑山墙高算至山尖）。独立砖石柱高度在 3.6m 以内时，以柱结构周长乘以柱高计算，独立砖石柱高度在 3.6m 以上时，以柱结构周长加 3.6m 乘以柱高计算 凡砌筑高度在 1.5m 及以上的砌体，应计算脚手架（计量单位：m²）	1. 场内、场外材料搬运； 2. 搭、拆脚手架、斜道、上料平台； 3. 铺设安全网； 4. 拆除脚手架后材料分类堆放

3 园林景观工程与措施项目

续表

序号	版别	项目编码	项目名称	项目特征	工程量计算规则	工作内容
2	13规范	050401002	抹灰脚手架	1. 搭设方式； 2. 墙体高度	按抹灰墙面的长度乘高度以面积计算（硬山建筑山墙高算至山尖）。独立砖石柱高度在3.6m以内时，以柱结构周长乘以柱高计算，独立砖石柱高度在3.6m以上时，以柱结构周长加3.6m乘以柱高计算（计量单位：m²）	1. 场内、场外材料搬运； 2. 搭、拆脚手架、斜道、上料平台； 3. 铺设安全网； 4. 拆除脚手架后材料分类堆放
3		050401003	亭脚手架	1. 搭设方式； 2. 檐口高度	1. 以座计量，按设计图示数量计算（计量单位：座）； 2. 以平方米计量，按建筑面积计算（计量单位：m²）	
4		050401004	满堂脚手架	1. 搭设方式； 2. 施工面高度	按搭设的地面主墙间尺寸以面积计算（计量单位：m²）	
5		050401005	堆砌（塑）假山脚手架	1. 搭设方式； 2. 假山高度	按外围水平投影最大矩形面积计算（计量单位：m²）	
6		050401006	桥身脚手架	1. 搭设方式； 2. 桥身高度	按桥基础底面至桥面平均高度乘以河道两侧宽度以面积计算（计量单位：m²）	
7		050401007	斜道	斜道高度	按搭设数量计算（计量单位：座）	

3.2.2 模板工程

模板工程工程量清单项目设置、项目特征描述的内容、计量单位、工程量计算规则等的变化对照情况，见表3-9。

模板工程（编码：050402） 表3-9

序号	版别	项目编码	项目名称	项目特征	工程量计算规则	工作内容
1	13规范	050402001	现浇混凝土垫层	厚度	按混凝土与模板的接触面积计算（计量单位：m²）	1. 制作； 2. 安装； 3. 拆除； 4. 清理； 5. 刷隔离剂； 6. 材料运输
2		050402002	现浇混凝土路面			
3		050402003	现浇混凝土路牙、树池围牙	高度		
4		050402004	现浇混凝土花架柱	断面尺寸		
5		050402005	现浇混凝土花架梁	1. 断面尺寸； 2. 梁底高度		
6		050402006	现浇混凝土花池	池壁断面尺寸		

续表

序号	版别	项目编码	项目名称	项目特征	工程量计算规则	工作内容
7	13规范	050402007	现浇混凝土桌凳	1. 桌凳形状； 2. 基础尺寸、埋设深度； 3. 桌面尺寸、支墩高度； 4. 凳面尺寸、支墩高度	1. 以立方米计量，按设计图示混凝土体积计算（计量单位：m^3）； 2. 以个计量，按设计图示数量计算（计量单位：个）	1. 制作； 2. 安装； 3. 拆除； 4. 清理； 5. 刷隔离剂； 6. 材料运输
8		050402008	石桥拱券石、石券脸胎架	1. 胎架面高度； 2. 矢高、弦长	按拱券石、石券脸弧形底面展开尺寸以面积计算（计量单位：m^2）	

3.2.3 树木支撑架、草绳绕树干、搭设遮阴（防寒）棚工程

树木支撑架、草绳绕树干、搭设遮阴（防寒）棚工程工程量清单项目设置、项目特征描述的内容、计量单位、工程量计算规则等的变化对照情况，见表3-10。

树木支撑架、草绳绕树干、搭设遮阴（防寒）棚工程 （编码：050403） 表3-10

序号	版别	项目编码	项目名称	项目特征	工程量计算规则	工作内容
1	13规范	050403001	树木支撑架	1. 支撑类型、材质； 2. 支撑材料规格； 3. 单株支撑材料数量	按设计图示数量计算（计量单位：株）	1. 制作； 2. 运输； 3. 安装； 4. 维护
2		050403002	草绳绕树干	1. 胸径（干径）； 2. 草绳所绕树干高度		1. 搬运； 2. 绕杆； 3. 余料清理； 4. 养护期后清除
3		050403003	搭设遮阴（防寒）棚	1. 搭设高度； 2. 搭设材料种类、规格	1. 以平方米计量，按遮阴（防寒）棚外围覆盖层的展开尺寸以面积计算（计量单位：m^2）； 2. 以株计量，按设计图示数量计算（计量单位：株）	1. 制作； 2. 运输； 3. 搭设、维护； 4. 养护期后清除

3.2.4 围堰、排水工程

围堰、排水工程工程量清单项目设置、项目特征描述的内容、计量单位、工程量计算规则等的变化对照情况，见表3-11。

3 园林景观工程与措施项目

围堰、排水工程（编码：050404） 表3-11

序号	版别	项目编码	项目名称	项目特征	工程量计算规则	工作内容
1	13规范	050404001	围堰	1. 围堰断面尺寸； 2. 围堰长度； 3. 围堰材料及灌装袋材料品种、规格	1. 以立方米计量，按围堰断面面积乘以堤顶中心线长度以体积计算（计量单位：m^3）； 2. 以米计量，按围堰堤顶中心线长度以延长米计算（计量单位：m）	1. 取土、装土； 2. 堆筑围堰； 3. 拆除、清理围堰； 4. 材料运输
2	13规范	050404002	排水	1. 种类及管径； 2. 数量； 3. 排水长度	1. 以立方米计量，按需要排水量以体积计算，围堰排水按堰内水面面积乘以平均水深计算（计量单位：m^3）； 2. 以天计量，按需要排水日历天计算（计量单位：天）； 3. 以台班计量，按水泵排水工作台班计算（计量单位：台班）	1. 安装； 2. 使用、维护； 3. 拆除水泵； 4. 清理

3.2.5 安全文明施工及其他措施项目

安全文明施工及其他措施项目工程量清单项目设置、计量单位、工作内容及包含范围应按表3-12。

安全文明施工及其他措施项目（编码：050405） 表3-12

序号	版别	项目编码	项目名称	工作内容及包含范围
1	13规范	050405001	安全文明施工	1. 环境保护：现场施工机械设备降低噪声、防扰民措施；水泥、种植土和其他易飞扬细颗粒建筑材料密闭存放或采取覆盖措施等；工程防扬尘洒水；土石方、杂草、种植遗弃物及建渣外运车辆防护措施等；现场污染源的控制、生活垃圾清理外运、场地排水排污措施；其他环境保护措施； 2. 文明施工："五牌一图"；现场围挡的墙面美化（包括内外粉刷、刷白、标语等）、压顶装饰；现场厕所便槽刷白、贴面砖，水泥砂浆地面或地砖，建筑物内临时便溺设施；其他施工现场临时设施的装饰装修、美化措施；现场生活卫生设施；符合卫生要求的饮水设备、淋浴、消毒等设施；生活用洁净燃料；防煤气中毒、防蚊虫叮咬等措施；施工现场操作地的硬化；现场绿化、治安综合治理；现场配备医药保健器材、物品和急救人员培训；用于现场工人的防暑降温、电风扇、空调等设备及用电；其他文明施工措施； 3. 安全施工：安全资料、特殊作业专项方案的编制，安全施工标志的购置及安全宣传广"三宝"（安全帽、安全带、安全网）、"四口"（楼梯口、管井口、通道口、预留洞口）、"五临边"（园桥围边、驳岸周边、跌水围边、槽坑围边、卸料平台两侧），水平防护架、垂直防护架、外架封闭等防护；施工安全用电，包括配电箱三级配电、两级保护装置要求、外电防护措施；起重设备（含起重机、井架、门架）的安全防护措施（含警示标志）及卸料平台的临边防护、层间安全门、防护棚等设施；园林工地起重机械的检验检测；施工机具防护棚及其围栏的安全保护设施；施工安全防护通道；工人的安全防护用品、用具购置；消防设施与消防器材的配置；电气保护、安全照明设施；其他安全防护措施

续表

序号	版别	项目编码	项目名称	工作内容及包含范围
1	13规范	050405001	安全文明施工	4. 临时设施：施工现场采用彩色、定型钢板、砖、混凝土砌块等围挡的安砌、维修、拆除；施工现场临时建筑物、构筑物的搭设、维修、拆除，如临时宿舍、办公室、食堂、厨房、厕所、诊疗所、临时文化福利用房、临时仓库、加工场、搅拌台、临时简易水塔、水池等；施工现场临时设施的搭设、维修、拆除，如临时供水管道、临时供电管线、小型临时设施等；施工现场规定范围内临时简易道路铺设，临时排水沟、排水设施安砌、维修、拆除；其他临时设施搭设、维修、拆除
2		050405002	夜间施工	1. 夜间固定照明灯具和临时可移动照明灯具的设置、拆除； 2. 夜间施工时施工现场交通标志、安全标牌、警示灯等的设置、移设、拆除； 3. 夜间照明设备及照明用电、施工人员夜班补助、夜间施工劳动效率降低等
3		050405003	非夜间施工照明	为保证工程施工正常进行，在如假山石洞等特殊施工部位施工时所采用的照明设备的安拆、维护及照明用电等
4		050405004	二次搬运	由于施工场地条件限制而发生的材料、植物、成品、半成品等一次运输不能到达堆放地点，必须进行的二次或多次搬运
5		050405005	冬雨期施工	1. 冬雨（风）期施工时增加的临时设施（防寒保温、防雨、防风设施）的搭设、拆除； 2. 冬雨（风）期施工时对植物、砌体、混凝土等采用的特殊加温、保温和养护措施； 3. 冬雨（风）期施工时施工现场的防滑处理，对影响施工的雨雪的清除； 4. 冬雨（风）期施工时增加的临时设施、施工人员的劳动保护用品、冬雨（风）期施工劳动效率降低等
6	13规范	050405006	反季节栽植影响措施	因反季节栽植在增加材料、人工、防护、养护、管理等方面采取的种植措施及保证成活率措施
7		050405007	地上、地下设施的临时保护设施	在工程施工过程中，对已建成的地上、地下设施和植物进行的遮盖、封闭、隔离等必要保护措施
8		050405008	已完工程及设备保护	对已完工程及设备采取的覆盖、包裹、封闭、隔离等必要的保护措施

注：本表所列项目应根据工程实际情况计算措施项目费用，需分摊的应合理计算摊销费用。

3.3 工程量清单编制实例

3.3.1 实例 3-1

1. 背景资料

某公园堆砌假山三座和风景石一块，其做法如表 3-13 所示。其中黄石假山如图 3-1 所示。不考虑假山、景石的基础。

假山做法　　　　　　　　　　　表 3-13

序号	项目名称	做 法	计量单位	备注
1	堆砌石假山	1. 太湖石假山； 2. 堆砌高度 6.5m； 3. C20 混凝土，1:2.5 水泥砂浆	t	体积约 2600m^3，石料容重约 2.3t/m^3
2	堆砌石假山	1. 黄石假山； 2. 堆砌高度 4.8m； 3. C20 混凝土，1:2.5 水泥砂浆	t	体积约 380m^3，石料容重约 2.6t/m^3
3	塑假山	1. 高度 6m； 2. 砖骨架； 3. C20 混凝土，M7.5 水泥砂浆； 4. 表面着氧化铬绿	m^3	表面积约 1200m^2
4	点风景石	1. 太湖石； 2. 重量 8t	块	共 1 块

2. 问题

根据以上背景资料及现行国家标准《建设工程工程量清单计价规范》GB 50500—2013、《园林绿化工程工程量计算规范》GB 50858—2013，试列出该工程的分部分项工程量清单。

3. 参考答案（表 3-14 和表 3-15）

3.3.2 实例 3-2

1. 背景资料

某公园新建一座方亭，其平面图、立面图、剖面图如图 3-2～图 3-5 所示。采用点式玻璃亭面，6mm 浮法玻璃，C 型轻钢龙骨规格为 60mm×30mm×25mm。配有花岗石长凳 4 个，如图 3-6～图 3-8 所示。

(1) 施工说明

1) 所有钢构件连接均为满焊。
2) 焊口除毛刺后锉平，防锈漆两道，乳白色氟碳漆两道。
3) 玻璃钻孔与选用驳接爪配钻。

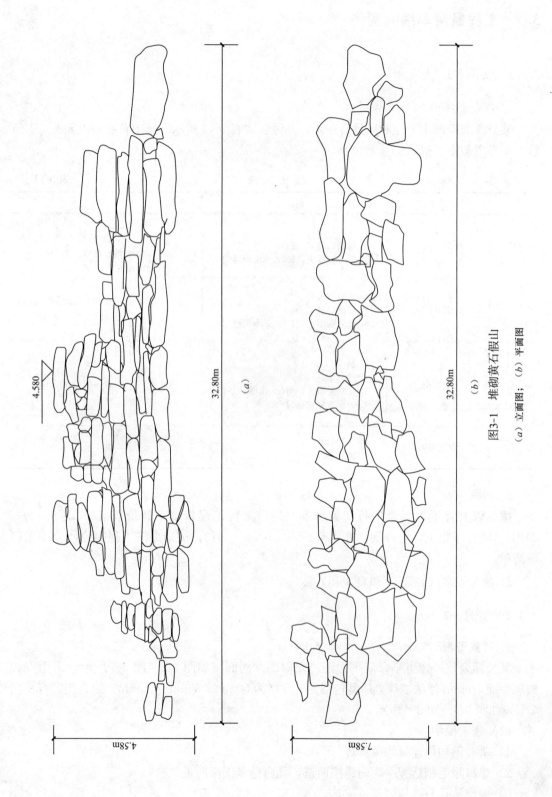

图3-1 堆砌黄石假山
(a) 立面图;(b) 平面图

3 园林景观工程与措施项目

清单工程量计算表 表3-14

工程名称：某园林景观工程

序号	项目编码	清单项目名称	计算式	工程量合计	计量单位
1	050301002001	堆砌石假山	260×2.3=598t	598	t
2	050301002002	堆砌石假山	380×2.6=988t	988	t
3	050301003001	塑假山	1200m²	1200	m²
4	050301005001	点风景石	1块	1	块

分部分项工程和单价措施项目清单与计价表 表3-15

工程名称：某园林景观工程

序号	项目编码	项目名称	项目特征描述	计量单位	工程量	金额（元）		
						综合单价	合价	其中 暂估价
1	050301002001	堆砌石假山	1. 太湖石假山； 2. 堆砌高度6.5m； 3. C20混凝土，1:2.5水泥砂浆	t	598			
2	050301002002	堆砌石假山	1. 黄石假山； 2. 堆砌高度4.8m； 3. C20混凝土，1:2.5水泥砂浆	t	988			
3	050301003001	塑假山	1. 高度6m； 2. 砖骨架； 3. C20混凝土，M7.5水泥砂浆； 4. 表面着氧化铬绿	m²	1200			
4	050301005001	点风景石	1. 石料种类：太湖石； 2. 石料重量：8t	块	1			

（2）计算说明

1) 仅计算玻璃亭面和石凳工程量。

2) 计算结果保留两位小数。

2. 问题

根据以上背景资料及现行国家标准《建设工程工程量清单计价规范》GB 50500—2013、《园林绿化工程工程量计算规范》GB 50858—2013，试列出要求计算的分部分项工程量清单。

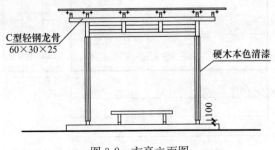

图3-2 方亭立面图

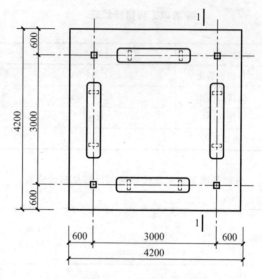

图 3-3 方亭平面图

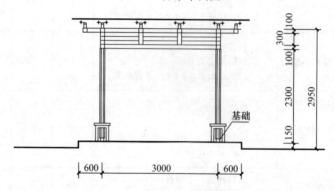

图 3-4 方亭 1-1 剖面图

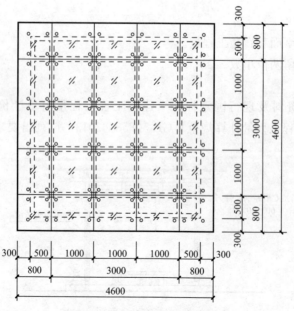

图 3-5 方亭亭顶平面图

3 园林景观工程与措施项目

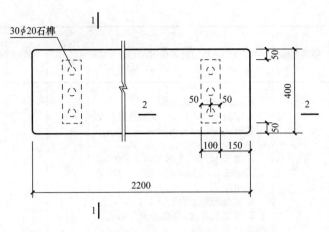

图 3-6 花岗岩长凳平面图

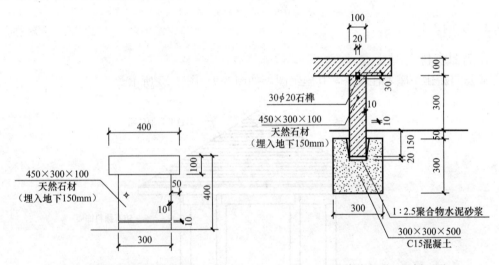

图 3-7 花岗岩长凳 1-1 剖面图　　图 3-8 花岗岩长凳 2-2 剖面图

3. 参考答案（表 3-16 和表 3-17）

清单工程量计算表　　　　　　　　　　　　　　　表 3-16

工程名称：某园林景观工程

序号	项目编码	清单项目名称	计算式	工程量合计	计量单位
1	050303008001	玻璃屋面	4.6×4.6＝21.16（m²）	21.16	m²
2	050305006001	石凳		4	个

分部分项工程和单价措施项目清单与计价表　　　　　　　表 3-17

工程名称：某园林景观工程

序号	项目编码	项目名称	项目特征描述	计量单位	工程量	金额（元）		
						综合单价	合价	其中暂估价
1	050303008001	玻璃屋面	1. 龙骨材质、规格：C 型轻钢龙骨，60mm×30mm×25mm； 2. 玻璃材质、规格：6mm 浮法玻璃	m²				

65

续表

序号	项目编码	项目名称	项目特征描述	计量单位	工程量	金额（元）		
						综合单价	合价	其中暂估价
2	050305006001	石凳	1. 石材种类：花岗石； 2. 基础形状、尺寸、埋设深度：杯形基础，300mm×300mm×500mm，0.35m； 3. 凳面尺寸、支墩高度：2200mm×400mm，450mm（埋入地下150mm）； 4. 混凝土强度等级：C15； 5. 砂浆配合比：M2.5聚合物水泥砂浆	个				

3.3.3 实例3-3

1. 背景资料

某公园新建一座木柱圆亭，其施工图，如图3-9～图3-15所示。

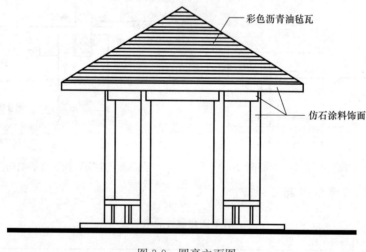

图 3-9 圆亭立面图

(1) 施工说明

1) 钢筋混凝土结构，外饰面颜色除图中已注明外，均为青色。

2) 仿石涂料饰面做法：20mm厚1∶2.5水泥砂浆找平，涂刷粉底涂料，喷刷仿石涂料。

3) 沥青油毡瓦瓦面颜色为红色、规格为1000mm×333mm。

(2) 计算说明

1) 仅计算该亭亭面沥青油毡瓦和坐凳的工程量。

2) 为计算简便，π取值3.14。

3) 计算结果保留两位小数。

3 园林景观工程与措施项目

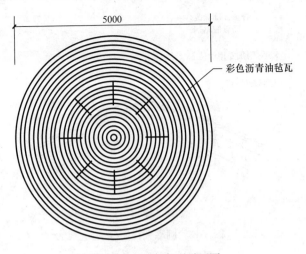

图 3-10 圆亭亭顶平面图

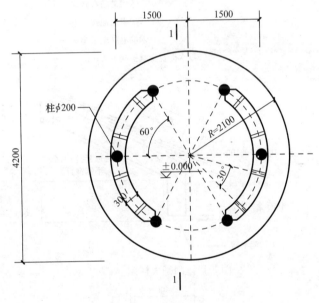

图 3-11 圆亭平面图

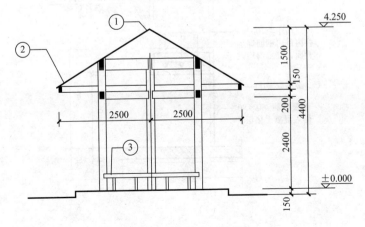

图 3-12 圆亭 1-1 剖面图

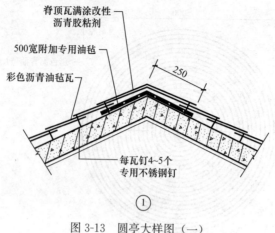

图 3-13 圆亭大样图（一）

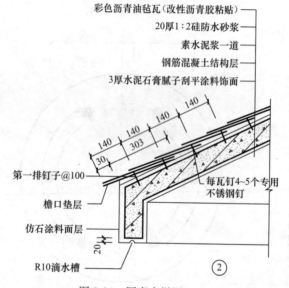

图 3-14 圆亭大样图（二）

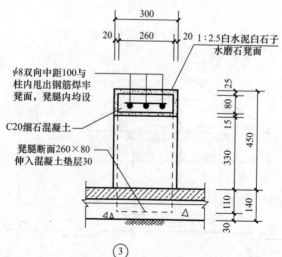

图 3-15 坐凳大样图

2. 问题

根据以上背景资料及现行国家标准《建设工程工程量清单计价规范》GB 50500—2013、《园林绿化工程工程量计算规范》GB 50858—2013，试列出该工程要求计算的分部分项工程量清单。

3. 参考答案（表 3-18 和表 3-19）

清单工程量计算表　　　　　　　　　　　　　　　　　　　表 3-18

工程名称：某园林景观工程

序号	项目编码	清单项目名称	计算式	工程量合计	计量单位
1	050303004001	油毡瓦屋面	屋顶侧面积 $S=\pi\times2.5\times(2.5\times2.5+1.5\times1.5)^{0.5}$ $=3.14\times2.5\times2.915$ $=22.88$（m^2）	22.88	m^2
2	050305007001	水磨石桌凳	2 个	2	个

分部分项工程和单价措施项目清单与计价表　　　　　　　　表 3-19

工程名称：某园林景观工程

序号	项目编码	项目名称	项目特征描述	计量单位	工程量	金额（元）		
						综合单价	合价	其中 暂估价
1	050303004001	油毡瓦屋面	屋面做法：详见大样图。 油毡瓦颜色规格：红色、1000×333	m^2	22.88			
2	050305007001	水磨石桌凳	1. 凳腿埋设深度：140mm； 2. 凳面尺寸、支墩高度：扇环形（夹角120°），截面尺寸300mm×120mm，凳腿高度330mm； 3. 混凝土强度等级：C20	个	2			

3.3.4 实例 3-4

1. 背景资料

某公园新建现浇混凝土花架和木栈道各 1 个，混凝土花架施工图，如图 3-16～图 3-20 所示，花架柱、梁及花架条的尺寸、数量，如表 3-20 所示。木栈道施工图，如图 3-21 和图 3-22 所示。

（1）施工说明

1）花架构件采用钢模板现浇制作一次成型，花架柱、梁、花架条的混凝土强度等级均为 C25。

2）花架外饰面均为净面外喷涂料。

3）木栈道长度为 100m。

（2）计算说明

1）仅计算现浇混凝土花架柱、梁及木栈道的工程量。

2）计算结果保留三位小数。

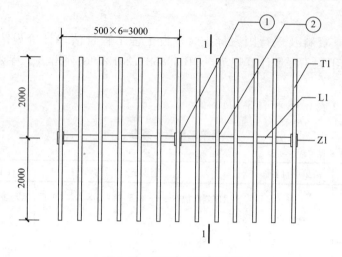

图 3-16 混凝土花架平面图

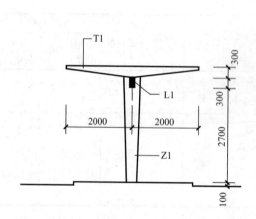

图 3-17 混凝土花架 1-1 剖面图

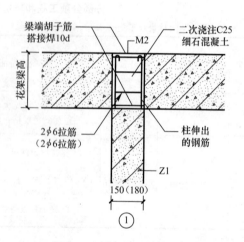

图 3-18 梁与柱连接大样图

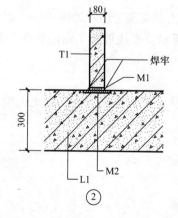

图 3-19 花架条与梁连接大样图

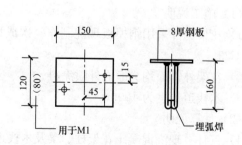

图 3-20 M1、M2 埋件详图

花架构件表 表3-20

型号	构件名称	高/长(mm)	构件断面(mm)		数量	工程量(m³)
			宽	高/厚		
Z1	柱	2700	300~500	150	3	0.476
L1	梁	6000	150	300	1	0.270
T1	花架条	4000	80~220	80	12	0.576

注：梁与柱连处的体积计入梁的工程量。

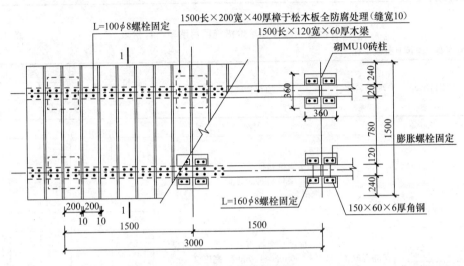

图3-21 木栈道平面图

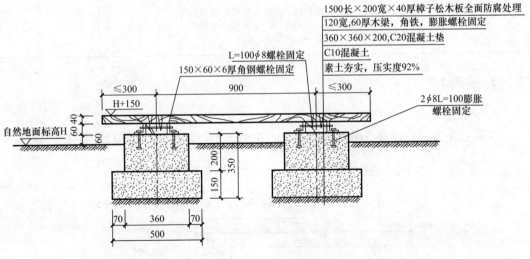

图3-22 1-1剖面图

2. 问题

根据以上背景资料及现行国家标准《建设工程工程量清单计价规范》GB 50500—2013、《园林绿化工程工程量计算规范》GB 50858—2013，试列出该花架和木栈道要求计算的分部分项工程量清单。

3. 参考答案（表 3-21 和表 3-22）

清单工程量计算表　　　　　　　　　　　　　　　　　　　　　　表 3-21

工程名称：某园林景观工程

序号	项目编码	清单项目名称	计算式	工程量合计	计量单位
1	050201015001	栈道	$100 \times 1.5 = 150 m^2$	150	m^2
2	050304001001	现浇混凝土花架柱	查表	0.476	m^3
3	050304001002	现浇混凝土花架梁	查表	0.270	m^3

分部分项工程和单价措施项目清单与计价表　　　　　　　　　　表 3-22

工程名称：某园林景观工程

序号	项目编码	项目名称	项目特征描述	计量单位	工程量	综合单价	合价	暂估价
			园路、园桥工程					
1	050201015001	栈道	1. 栈道宽度：1.5m； 2. 支架材料种类：木梁； 3. 面层材料种类：樟子松木板，全防腐处理					
			园林景观工程					
2	050304001001	现浇混凝土花架柱	1. 柱截面、高度、根数：截面尺寸 300～500mm×150mm，高度 2.7m，3 根； 2. 混凝土强度等级：C25	m^3	0.476			
3	050304001002	现浇混凝土花架梁	1. 盖梁截面、高度、根数：截面尺寸 150mm×300mm，长度 6m，1 根； 2. 混凝土强度等级：C25	m^3	0.270			

3.3.5 实例 3-5

1. 背景资料

某街边小游园拟设置花岗石坐凳 5 个、花池 2 个，其尺寸和结构如图 3-23 和图 3-24

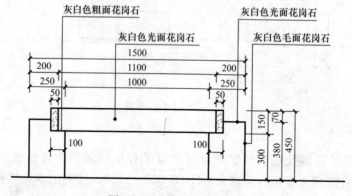

图 3-23　花岗石坐凳正立面

3 园林景观工程与措施项目

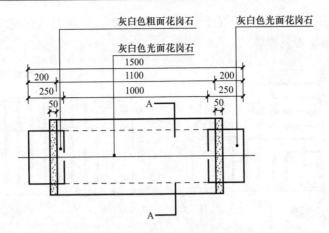

图 3-24 花岗石坐凳平面图
说明：石材结合处用环氧树脂胶粘结。

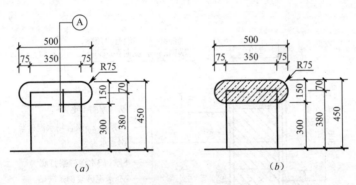

图 3-25 花岗石坐凳侧立面及 A-A 剖面图
(a) 侧立面；(b) A—A

所示。现场土质为三类土。

(1) 施工说明

1) 石材结合处采用环氧树脂胶粘接。

2) 花池平面尺寸为 2000mm×6000mm，池壁采用 M5 水泥砂浆砌筑普通灰砂砖（240mm×115mm×53mm）。

(2) 计算说明

1) 仅计算花岗石坐凳和花池在的工程量。

2) 不考虑花岗石坐凳土方、基础工程量。

3) 不考虑花池的土方、基础、池壁砌筑、抹灰、面砖镶贴、勾缝、混凝土压顶、排水管及相关措施项目的工程量。

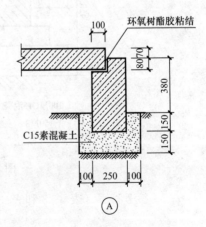

图 3-26 花岗石坐凳大样图

2. 问题

根据以上背景资料及现行国家标准《建设工程工程量清单计价规范》GB 50500—

2013、《园林绿化工程工程量计算规范》GB 50858—2013，试列出该花岗石坐凳和花池要求计算的分部分项工程量清单。

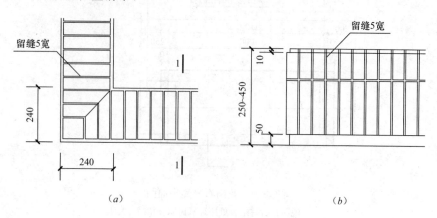

图 3-27 面砖饰面花池平面及立面图
(a) 平面；(b) 立面

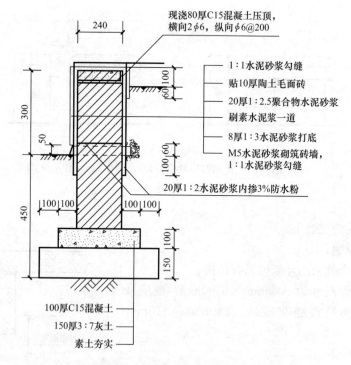

图 3-28 面砖饰面花池 1-1 剖面图

3. 参考答案（表 3-23 和表 3-24）

清单工程量计算表　　　　　　　　　　　　　　　表 3-23

工程名称：某园林景观工程

序号	项目编码	清单项目名称	计算式	工程量合计	计量单位
1	050305006001	石凳	5个	5	个
2	050307016001	花池	2个	2	个

3 园林景观工程与措施项目

分部分项工程和单价措施项目清单与计价表

表 3-24

工程名称：某园林景观工程

序号	项目编码	项目名称	项目特征描述	计量单位	工程量	金额（元）		
						综合单价	合价	其中 暂估价
1	050305006001	石凳	1. 石材种类：花岗石； 2. 基础形状、尺寸、埋设深度：杯形，45mm×300mm×350mm，0.3m； 3. 凳面尺寸、支墩高度：1200mm×500mm×150mm，0.38m； 4. 混凝土强度等级：C15	个	5			
2	050307016001	花池	1. 土质类别：三类土； 2. 池壁材料种类、规格：普通灰砂砖，240mm×115mm×53mm； 3. 混凝土、砂浆强度等级、配合比：C15、M5； 4. 饰面材料种类：陶土毛面砖	个	2			

4 工程量清单编制综合实例

4.1 实例 4-1

1. 背景资料

某绿地改造项目,图 4-1 所示为原绿地平面图,图 4-2 所示为某绿地平面图,图 4-3 所示为嵌草砖平面图,图 4-4 所示为嵌草砖剖面图。已知条件如下:

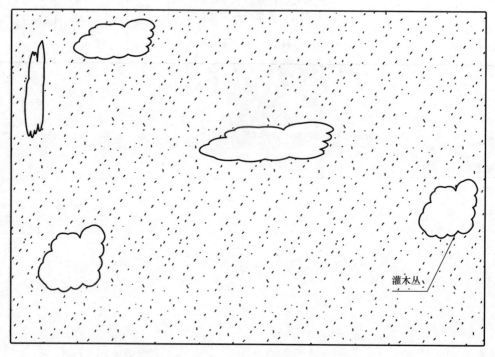

图 4-1 原绿地平面图(序号树木名称见苗木表)

(1) 原绿地土壤为二类土,草皮为杂草,面积 4350m²,灌木丛丛高 60cm,面积为 250m²;改造时全部清除,不换土。改造所需苗木如表 4-1 所示。

(2) 改造后草皮面积为 2850m²,绿化养护期为一年。

(3) 土山丘场外取土、运土距离为 1.5km,土山丘底外接矩形面积为 950m²,坡度为 32%,平均高 1.8m。

(4) 每棵树用草绳绕树干 1.8m,种植后再用长 2.5m、小径平均为 6cm 的树棍桩三脚支撑,养护一年。

(5) 计算时不考虑嵌草砖中的挖土方与填土。

4 工程量清单编制综合实例

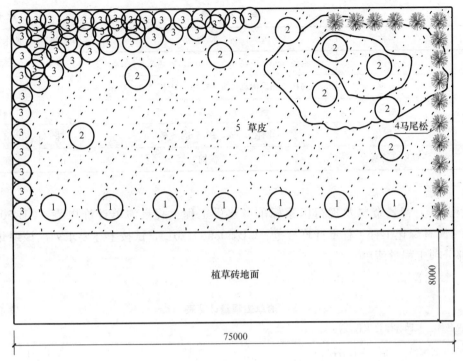

图 4-2 改造后绿地平面图

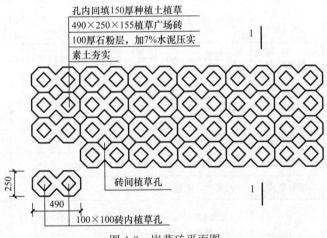

图 4-3 嵌草砖平面图

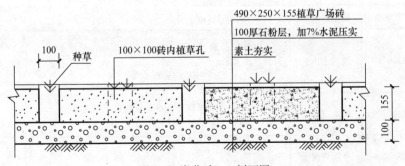

图 4-4 嵌草砖 1-1 剖面图

苗 木 表 表 4-1

序号	名称	苗木规格	单位	苗木数量
1	香樟	胸径8cm，树高4.5～5.0m，冠幅2.5～3.0m	株	7
2	银杏	胸径6cm，树高3.5～5.0m，冠幅3.0～3.5m	株	9
3	水杉	胸径8cm，树高5.0～5.5m	株	47
4	马尾松	胸径12cm，树高6.0～6.5m	株	15
5	草皮（百慕大）	满铺	m²	2850

2. 问题

根据以上背景资料及现行国家标准《建设工程工程量清单计价规范》GB 50500—2013、《园林绿化工程工程量计算规范》GB 50858—2013，试按上述要求列出该绿化工程的分部分项工程量清单。

3. 参考答案（表 4-2 和表 4-3）

清单工程量计算表 表 4-2

工程名称：某园林绿化工程

序号	项目编码	清单项目名称	计算式	工程量合计	计量单位
1	050101006001	清除草皮	杂草草皮，面积为4800m²	4800	m²
2	000101003001	砍挖灌木丛及根	丛高60cm，面积为250m²	250	m²
3	050102001001	栽植乔木	香樟胸径8cm，树高4.5～5.0m，冠幅2.5～3.0m	7	株
4	050102001002	栽植乔木	银杏胸径6cm，树高3.5～5.0m，冠幅3.0～3.5m	9	株
5	050102001003	栽植乔木	水杉胸径8cm，树高5.0～5.5m	47	株
6	050102001004	栽植乔木	马尾松胸径12cm，树高6.0～6.5m	15	株
7	050102012001	铺种草皮	百慕大，满铺，3500m²	3500	m²
8	050102014001	植草砖内植草	400mm×400mm×80mm预制混凝土植草砖（镂空部分种植土回填）30cm。 750×8=600（m²）	600	m²
9	050201005001	嵌草砖铺装	750×8=600（m²）	600	m²
10	050301001001	砌筑土山丘	土山丘场外取土、运土距离为1.5km，坡度为32%，高1.8m 950×1.8×1/3=570（m³）	570	m³
11	050403001001	树木支撑架	长2.5m、小径平均为6cm的树棍桩三脚支撑 7+9+75+15=106（株）	78	株
12	050403002001	草绳绕树干	草绳绕树干1.8m 7+9+75+15=106（株）	780	株

4 工程量清单编制综合实例

分部分项工程和单价措施项目清单与计价表

表 4-3

工程名称：某园林绿化工程

序号	项目编码	项目名称	项目特征描述	计量单位	工程量	金额（元）		
						综合单价	合价	其中暂估价
绿化工程								
1	050101006001	清除草皮	草皮种类：杂草	m²	4800			
2	000101003001	砍挖灌木丛及根	丛高：60cm	m²	250			
3	050102001001	栽植乔木	1. 种类：香樟； 2. 胸径：8cm； 3. 株高、冠径：4.5～5.0m、2.5～3.0m； 4. 起挖方式：带土球； 5. 养护期：一年	株	7			
4	050102001002	栽植乔木	1. 种类：银杏； 2. 胸径：6cm； 3. 株高、冠径：3.5～4.0m、3.0～3.5m； 4. 起挖方式：带土球； 5. 养护期：一年	株	9			
5	050102001003	栽植乔木	1. 种类：水杉； 2. 胸径：8cm； 3. 株高：5.0～5.5m； 4. 起挖方式：带土球； 5. 养护期：一年	株	47			
6	050102001004	栽植乔木	1. 种类：马尾松； 2. 胸径：12cm； 3. 株高：6.0～6.5m； 4. 起挖方式：带土球； 5. 养护期：一年	株	15			
7	050102012001	铺种草皮	1. 草皮种类：百慕大； 2. 铺种方式：满铺； 3. 养护期：一年	m²	3500			
8	050102014001	植草砖内植草	1. 草坪种类：百慕大； 2. 养护期：一年	m²	600			
园路园桥工程								
9	050201005001	嵌草砖铺装	1. 垫层厚度：100mm 厚石粉层，加 7%水泥压实； 2. 嵌草砖（格）品种、规格：植草广场砖，490mm×250mm×155mm； 3. 镂空部分填土要求：100mm×100mm 砖内孔，种植土回填15cm	m²	600			

续表

序号	项目编码	项目名称	项目特征描述	计量单位	工程量	综合单价	合价	其中 暂估价
								金额(元)
园林景观工程
10	050301001001	砌筑土山丘	1. 土丘高度：1.8m； 2. 土丘坡度要求：32%； 3. 土丘底外接矩形面积：950m²	m²	570			
措施项目
11	050403001001	树木支撑架	1. 支撑类型、材质：树棍桩三脚撑； 2. 支撑材料规格：小径平均为6cm； 3. 单株支撑材料数量：2.5m	株	78			
12	050403002001	草绳绕树干	1. 胸径：5cm； 2. 草绳所绕树干高度：1.8m	株	78			

4.2 实例 4-2

1. 背景资料

某小公园区进行环境绿化，如图 4-5 所示，土壤为三类土。

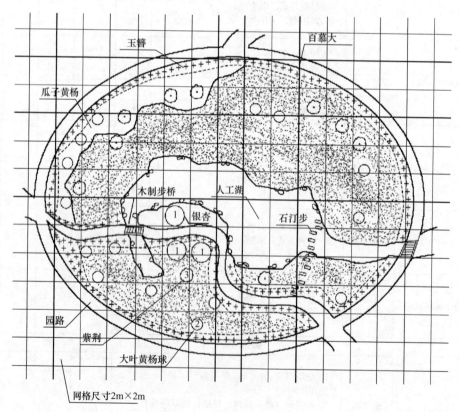

图 4-5 某小公园平面图

(1) 施工说明

1) 苗木带土球，苗木及草皮养护期为一年。苗木表如表 4-4 所示。银杏每棵树用草绳绕树干 2.0m，种植后再用长 2.5m、小径平均为 6cm 的树棍桩四脚支撑。

苗 木 表　　　　　表 4-4

序号	苗木名称	苗木规格（cm）			单位	数量
		高度/丛高	胸径	冠幅/蓬径		
1	银杏	400	10	200～250	株	3
2	大叶黄杨球	100		80	株	15
3	紫荆	200		120～160	株	11
4	瓜子黄杨	40		30	m²	80
5	玉簪	15～25			m²	230
6	百慕大				m²	980

注：1. 瓜子黄杨、玉簪为片植，百慕大为满铺。
　　2. 玉簪为 3 芽/株，48 株/m²。

2) 园路平面图及剖面图，如图 4-6 和图 4-7 所示，其长度共计 425m。

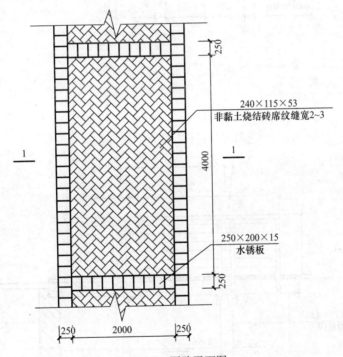

图 4-6　园路平面图

图 4-7　园路 1-1 剖面图

3）两座同规格木制步桥平面图、立面图及剖面图，如图 4-8～图 4-13 所示，采用樟子松防腐木。

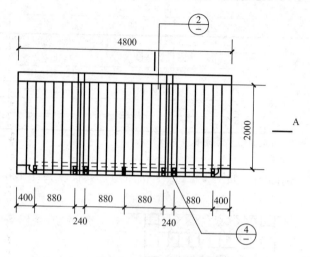

图 4-8　木制步桥平面图

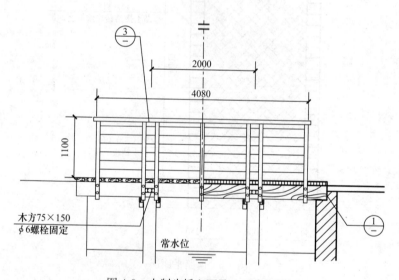

图 4-9　木制步桥立面及 A-A 剖面图

4）石汀步平面图、立面图及剖面图，如图 4-14 和图 4-15 所示，其体积合计为 39.87m³。自然石石块表面 0.16～0.36m²。

5）石砌驳岸截面图，如图 4-16 所示，其体积合计 350.68m³。天然石块，最大块径 350～500mm；毛石最大块径 150～300mm。驳岸长度 1279m，M5 水泥砂浆堆砌。

（2）计算说明

1）绿化工程仅计算表 4-4 所列苗木的工程量及相应的措施项目工程量。

2）园路、园桥工程仅计算园路、木制步桥、石汀步、驳岸的工程量。

3）计算结果保留三位小数。

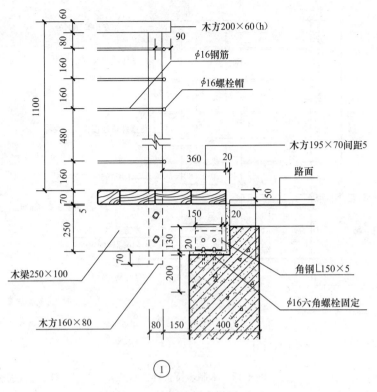

图 4-10 木制步桥大样图（一）

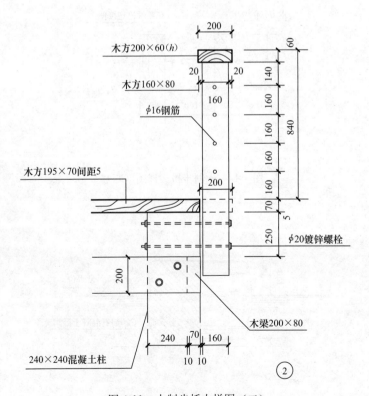

图 4-11 木制步桥大样图（二）

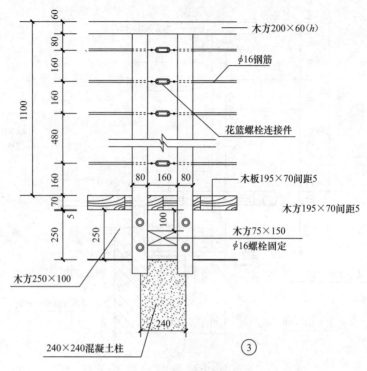

图 4-12 木制步桥大样图（三）

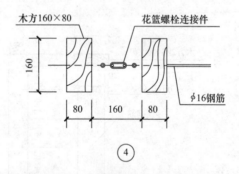

图 4-13 木制步桥大样图（四）

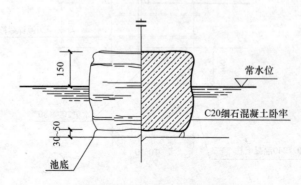

图 4-14 石汀步立面及剖面图

4 工程量清单编制综合实例

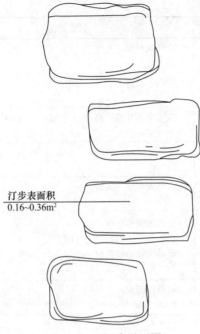

图 4-15 石汀步平面图

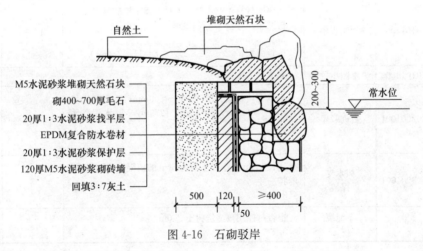

图 4-16 石砌驳岸

2. 问题

根据以上背景资料及现行国家标准《建设工程工程量清单计价规范》GB 50500—2013、《园林绿化工程工程量计算规范》GB 50858—2013，试列出该工程要求计算的分部分项工程量清单。

3. 参考答案（表 4-5 和表 4-6）

清单工程量计算表   表 4-5

工程名称：某园林绿化工程

序号	项目编码	清单项目名称	计算式	工程量合计	计量单位
1	050102001001	栽植乔木	银杏，胸径 10cm，冠幅 2.0~2.50m。3 株	3	株

续表

序号	项目编码	清单项目名称	计算式	工程量合计	计量单位
2	050102002001	栽植灌木	大叶黄杨球,高度100cm,蓬径0.8m。 15株	15	株
3	050102002002	栽植灌木	紫荆,高度200cm,冠幅1.2~1.6m。 11株	11	株
4	050102007001	栽植色带	瓜子黄杨片植,高40cm,冠幅30cm。 80m²	80	m²
5	050102008001	栽植花卉	玉簪,片植,高15~25cm,3芽/株,48株/m²。 230m²	230	m²
6	050102012001	铺种草皮	百慕大草皮,满铺。 980m²	980	m²
7	050201001001	园路	横条水锈板数目: $425/(4+0.25)=100$(m²) 非黏土烧结砖面积: $2\times(425-0.25\times100)=800$(m²)	800	m²
8	050201001002	园路	水锈板面积: $2\times0.25\times100+0.25\times425\times2=262.50$(m²)	262.50	m²
9	050201013001	石汀步	自然石,石块表面0.16~0.36m²。 石汀步体积合计39.87m³	39.87	m³
10	050201014001	木制步桥	两座同规格木制步桥,木材为樟子松防腐木。 桥宽$2+0.2\times2=2.4$(m) 桥长4.8m 桥板面积:$(2+0.2\times2)\times4.8=11.52$(m²)	11.52	m²
11	050201014002	木制步桥	同上	11.52	m²
12	050202001001	石砌驳岸	天然石块,最大块径350~500mm;毛石最大块径150~300mm。驳岸长度1279m,M5水泥砂浆堆砌。 350.68m³	350.68	m³
13	050403001001	树木支撑架	用长2.5m、小径平均为6cm的树棍桩三脚支撑,养护一年。 3株	3	株
14	050403002001	草绳绕树干	银杏每棵用草绳绕树干2.0m。 3株	3	株

分部分项工程和单价措施项目清单与计价表　　　　表4-6

工程名称:某园林绿化工程

序号	项目编码	项目名称	项目特征描述	计量单位	工程量	金额(元)		
						综合单价	合价	其中 暂估价
绿化工程								
1	050102001001	栽植乔木	1. 种类:银杏; 2. 胸径:10cm; 3. 株高、冠径:4.0m、2.0~2.5m; 4. 起挖方式:带土球; 5. 养护期:一年	株	3			

4 工程量清单编制综合实例

续表

序号	项目编码	项目名称	项目特征描述	计量单位	工程量	金额（元）		
						综合单价	合价	其中 暂估价
绿化工程								
2	050102002001	栽植灌木	1. 种类：大叶黄杨球； 2. 冠丛高：1.0m； 3. 蓬径：0.8m； 4. 起挖方式：带土球； 5. 养护期：一年	株	15			
3	050102002002	栽植灌木	1. 种类：紫荆； 2. 冠丛高：2.0m； 3. 蓬径：1.2～1.6m； 4. 起挖方式：带土球； 5. 养护期：一年	株	11			
4	050102007001	栽植色带	1. 苗木：瓜子黄杨； 2. 株高：0.4m； 3. 养护期：一年	m^2	80			
5	050102008001	栽植花卉	1. 花卉种类：玉簪； 2. 柱高：15～25cm，3 芽/株，48 株/m^2； 3. 养护期：一年	m^2	230			
6	050102012001	铺种草皮	1. 草皮种类：百慕大； 2. 铺种方式：满铺； 3. 养护期：一年	m^2	980			
园路、园桥工程								
7	050201001001	园路	1. 路床土石类别：素土夯实； 2. 垫层厚度、宽度、材料种类：150mm 厚砂层，加 7％水泥压实； 3. 路面厚度、宽度、材料种类：240mm×115mm×53mm 非黏土烧结砖（席纹）细砂填缝	m^2	800			
8	050201001002	园路	1. 路床土石类别：素土夯实； 2. 垫层厚度、宽度、材料种类：20mm 厚水泥砂浆结合层，C15 素混凝土层 190mm 厚； 3. 路面厚度、宽度、材料种类：250mm×200mm×15mm 水锈板素水泥擦缝	m^2	262.50			
9	050201013001	石汀步	1. 石料种类、规格：自然石，石块表面 0.16～0.36m^2； 2. 砂浆强度等级、配合比：C20 细石混凝土	m^3	39.87			

续表

序号	项目编码	项目名称	项目特征描述	计量单位	工程量	金额（元）		
						综合单价	合价	其中 暂估价
园路、园桥工程								
10	050201014001	木制步桥	1. 桥宽度：2.4m； 2. 桥长度：4.8m； 3. 木材种类：樟子松防腐木； 4. 各部位截面长度：桥面板厚度70mm	m²	11.52			
11	050201014002	木制步桥	1. 桥宽度：2.4m； 2. 桥长度：4.8m； 3. 木材种类：樟子松防腐木； 4. 各部位截面长度：桥面板厚度70mm	m²	11.52			
12	050202001001	石砌驳岸	1. 石料种类、规格：天然石块，最大块径350～500mm；毛石最大块径150～300mm； 2. 驳岸截面、长度：长度1279m； 3. M5水泥砂浆堆砌	m³	350.68			
措施项目								
13	050403001001	树木支撑架	1. 支撑类型、材质：树棍桩四脚撑； 2. 支撑材料规格：小径平均为6cm； 3. 单株支撑材料数量：2.5m	株	3			
14	050403002001	草绳绕树干	1. 胸径：10cm； 2. 草绳所绕树干高度：2.2m	株	3			

4.3 实例 4-3

1. 背景资料

某公园绿化平面图、竖向设计图及游步道、围树椅、木制坐凳、铁艺栏杆等设施的平面图、剖面图，如图 4-17～图 4-30 所示。绿化工程所用苗木，如表 4-7 所示。土建项目，如表 4-8 所示。

计算说明：

（1）绿化工程项目，仅计算表 4-7 所列项目的工程量。
（2）园路工程项目，仅计算路面的工程量。
（3）土建项目，不考各项土方、基础、混凝土、钢筋的工程量。
（4）不计算措施项目。

2. 问题

根据以上背景资料及现行国家标准《建设工程工程量清单计价规范》GB 50500—2013、《园林绿化工程工程量计算规范》GB 50858—2013，试列出该公园要求计算项目的分部分项工程量清单。

4 工程量清单编制综合实例

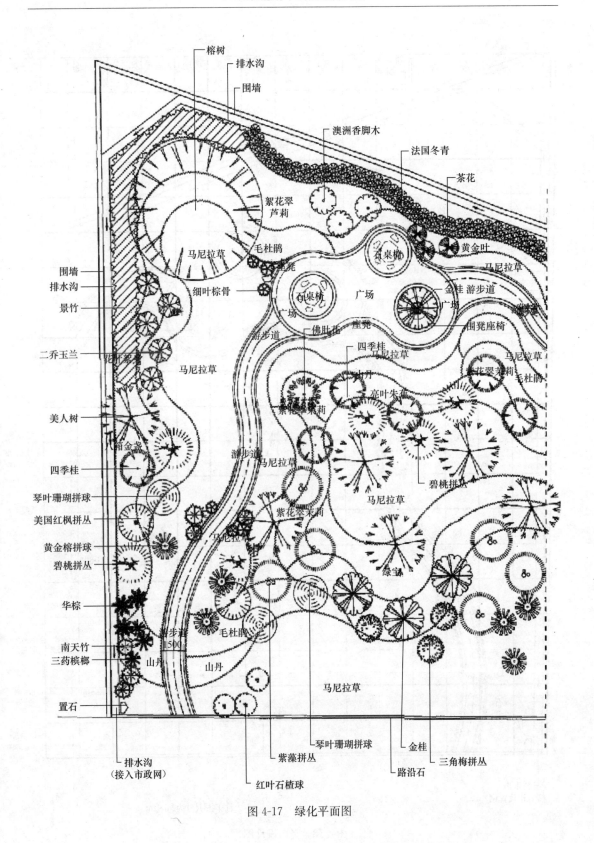

图 4-17 绿化平面图

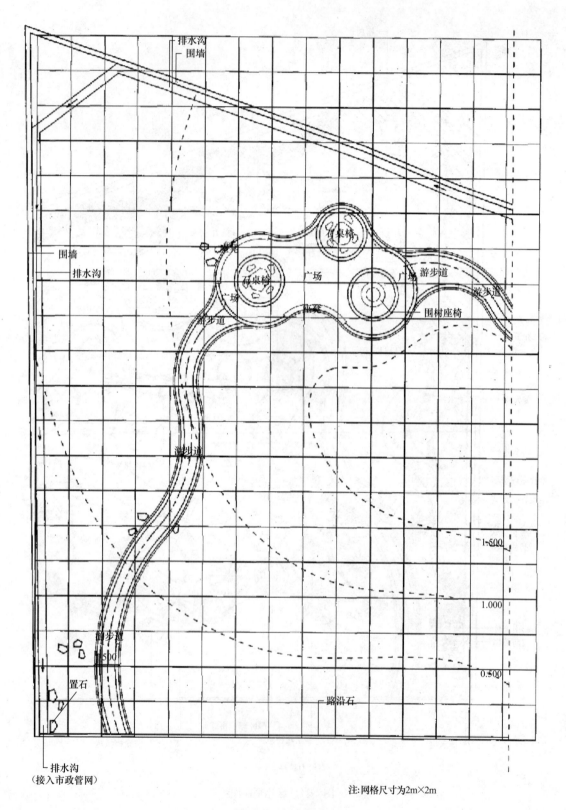

图 4-18 竖向设计图

4 工程量清单编制综合实例

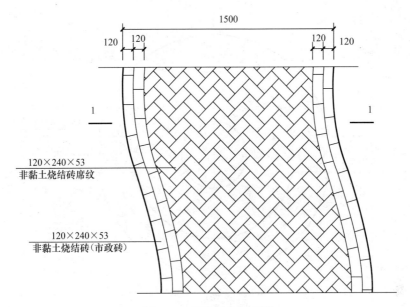

图 4-19 园路铺砌平面图

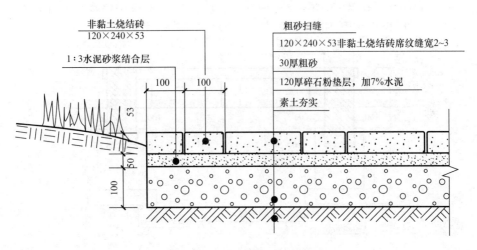

图 4-20 园路铺砌 1-1 剖面图

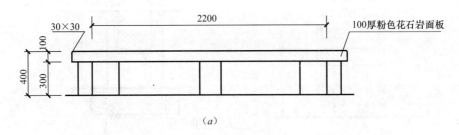

(a)

图 4-21 围树椅立面及平面图
(a) 立面

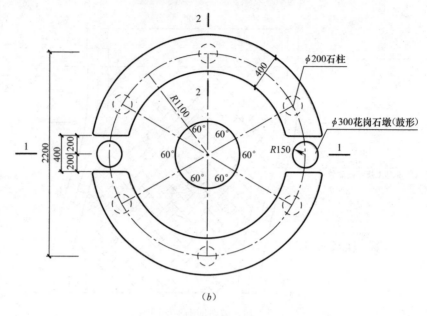

(b)

图 4-21 围树椅立面及平面图（续）

(b) 平面

说明：1. 坐凳为石材凳面，凳腿为同色天然石材柱；2. 凳面与凳腿之间用 φ80 石榫连接，且采用专用胶粘结；
3. 围树椅应配合树木胸径选用，树木胸径外围至凳椅内边缘，应大于 250mm

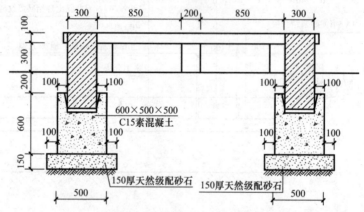

图 4-22 围树椅 1-1 剖面图

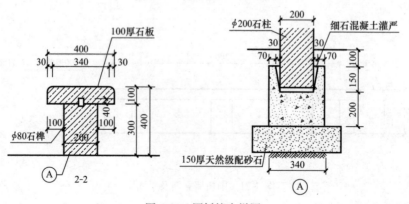

图 4-23 围树椅大样图

4 工程量清单编制综合实例

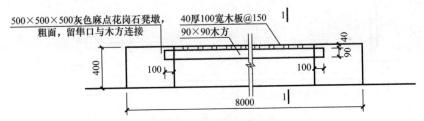

图 4-24 木制坐凳立面图

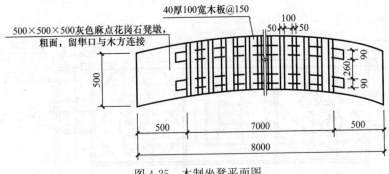

图 4-25 木制坐凳平面图

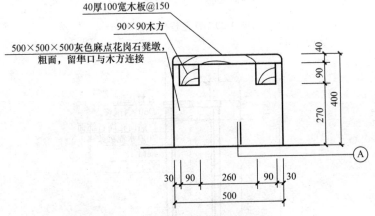

图 4-26 木制坐凳 1-1 剖面图
注：木料经过防腐、防虫处理

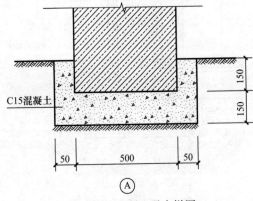

图 4-27 木制坐凳大样图
注：木料经过防腐、防虫处理

93

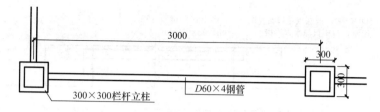

图 4-28 铁艺栏杆平面图

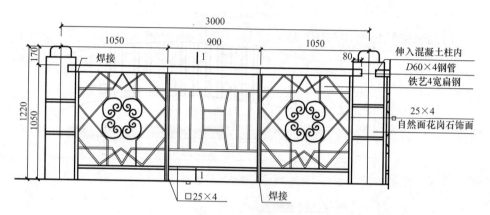

图 4-29 铁艺栏杆立面图

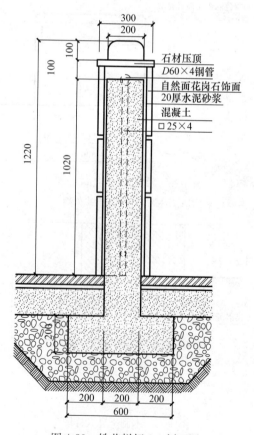

图 4-30 铁艺栏杆 1-1 剖面图

4 工程量清单编制综合实例

绿化苗木表 表 4-7

序号	植物名称	数量	单位	规格（cm）	备注
1	榕树	1	株	地径 25，高 400~500，350~400	增加客土，带土球
2	美人树	6	株	胸径 15，冠径 300~350	树形优美，自然冠型，带土球
3	金桂	4	株	胸径 5，冠径 350~400	自然冠型，带土球
4	澳洲鸭脚木	3	株	胸径 5，冠径 350~400	带土球
5	绿宝	5	株	胸径 5，冠径 350~400	带土球
6	二乔玉兰	5	株	胸径 5，高 300~350	带土球
7	三药槟榔	3	株	胸径 3，高 300~350	带土球
8	美国红枫拼丛	2	株	胸径 5，高 400~450	带土球
9	碧桃拼丛	5	株	胸径 5，高 400~450	带土球
10	四季桂	6	株	胸径 4，高 250~300，冠径 200~250	自然冠型，带土球
11	法国冬青	71	株	高 150~200，冠径 60~160	自然冠型，带土球
12	紫薇拼丛	48	株	地径 3，高 250~350，冠径 200~300	共 6 丛，8 株/丛，丛径 270
13	红叶石楠球	3	株	高 150~200，冠径 150~250	自然冠型
14	西洋鹃	35	m²	高 150~250，冠径 150~250	
15	茶花	3	丛	高 250~350，冠径 250~350	
16	黄金叶	26	m²	高 30~45	36 株/m²
17	亮叶朱蕉	28	m²	高 30~40	16 株/m²
18	花叶鹅掌柴	13	m²	高 30~40	12 株/m²
19	八角金盘	21	m²	高 30~40	21 株/m²
20	毛杜鹃	58	m²	高 30~40	15 株/m²
21	紫花翠芦莉	6	丛	高 250~350，冠径 250~350	
22	琴叶珊瑚拼球	3	丛	高 200~300，冠径 150~200	
23	黄金榕拼球	6	丛	高 200~300	
24	三角梅拼丛	3	丛	高 250~350，冠径 250~350	
25	细叶棕竹	6	丛	胸径 3，冠径 250~350	
26	华棕	3	株	高 400~500，冠径 300~400	
27	南天竹	6	丛	胸径 3，高 180~250	5~8 枝/丛
28	紫竹	256	株	胸径 2	共 32m²，8 株/m²
29	佛肚竹	1	丛	根盘丛径 60，高 250	3~4 枝以上
30	山丹	43	m²	高 25~40	36 株/m²
31	马尼拉草	256	m²		满铺

土建项目表 表 4-8

序号	项目名称	数量	单位	备注
1	坐凳	2	个	8.0×0.3×0.4（全长×宽×高）
2	石桌凳	2	副	由建设单位自行选型、采购，施工单位安装
3	围树座椅	1	个	米色花岗岩面板，长度 6m
4	置石	12	块	太湖石，0.8×0.6×0.5（长×宽×高，m）M7.5 水泥砂浆
5	园路		m²	路面中心线长度 125m
6	整理绿地	1000	m²	回填土质为富含有机质种植土，回填厚度≤30cm
7	起坡造型	800	m³	平均起坡高度 85cm
8	混凝土铁艺栏杆	128	m	铁艺栏杆单位长度重量 12kg/m，混凝土柱、土方、基础不计算

3. 参考答案（表 4-9 和表 4-10）

清单工程量计算表　　　　　　　　　　表 4-9

工程名称：某园林绿化工程

序号	项目编码	清单项目名称	计算式	工程量合计	计量单位
1	050101010001	整理绿化用地		1000	m²
2	050101011001	绿地起坡造型		800	m³
3	050102001001	栽植乔木		1	株
4	050102001002	栽植乔木		6	株
5	050102001003	栽植乔木		4	株
6	050102001004	栽植乔木		3	株
7	050102001005	栽植乔木		5	株
8	050102001006	栽植乔木		5	株
9	050102001007	栽植乔木		3	株
10	050102001008	栽植乔木		2	株
11	050102001009	栽植乔木		5	株
12	050102001010	栽植乔木		6	株
13	050102001011	栽植乔木		71	株
14	050102001012	栽植乔木		48	株
15	050102002001	栽植灌木		3	株
16	050102002002	栽植灌木		35	m²
17	050102002003	栽植灌木	题目给定	3	丛
18	050102002004	栽植灌木		6	丛
19	050102002005	栽植灌木		3	丛
20	050102002006	栽植灌木		6	丛
21	050102002007	栽植灌木		3	丛
22	050102003001	栽植竹类		6	丛
23	050102003002	栽植竹类		6	丛
24	050102003003	栽植竹类		256	株
25	050102003004	栽植竹类		1	丛
26	050102004001	栽植棕榈类		3	株
27	050102007002	栽植色带		26	m²
28	050102007003	栽植色带		28	m²
29	050102007004	栽植色带		13	m²
30	050102007005	栽植色带		21	m²
31	050102007006	栽植色带		58	m²
32	050102007007	栽植色带		43	m²
33	050102012001	铺种草皮		256	m²
34	050201001001	园路	路面中心线长度 125m。 125×1.02＝127.50（m²）	127.50	m²
35	050201001002	园路	路面中心线长度 125m。 125×0.24×2＝60（m²）	60	m²
36	050301005001	置石		12	块
37	050305006001	石桌石凳		2	套
38	050305006002	石凳	题目给定	1	个
39	050305006003	石凳		2	个
40	050305006004	石凳		2	个
41	050307006001	铁艺栏杆		128	m

4 工程量清单编制综合实例

分部分项工程和单价措施项目清单与计价表

表 4-10

工程名称：某园林绿化工程

序号	项目编码	项目名称	项目特征描述	计量单位	工程量	综合单价	合价	其中 暂估价
						金额（元）		
			绿化工程					
1	050101010001	整理绿化用地	1. 回填土质要求：富含有机质种植土； 2. 取土运距：根据场内挖填平衡，自行考虑土源及运距； 3. 回填厚度：≤30cm； 4. 弃渣运距：自行考虑	m²	1000			
2	050101011001	绿地起坡造型	1. 回填土质要求：富含有机质种植土； 2. 取土运距：自行考虑； 3. 起坡平均高度：85cm	m³	800			
3	050102001001	栽植乔木	1. 种类：榕树； 2. 胸径：25cm； 3. 株高、冠径：400cm，350～400cm； 4. 起挖方式：带土球； 5. 养护：一年	株	1			
4	050102001002	栽植乔木	1. 种类：美人树； 2. 胸径：15cm； 3. 冠径：300～350cm； 4. 起挖方式：带土球； 5. 养护期：一年	株	6			
5	050102001003	栽植乔木	1. 种类：金桂； 2. 胸径：5cm； 3. 冠径：350～400cm； 4. 起挖方式：带土球； 5. 养护期：一年	株	4			
6	050102001004	栽植乔木	1. 种类：澳洲鸭脚木； 2. 胸径：5cm； 3. 冠径：300～350cm； 4. 起挖方式：带土球； 5. 养护期：一年	株	3			
7	050102001005	栽植乔木	1. 种类：绿宝； 2. 胸径：5cm； 3. 冠径：250～300cm； 4. 起挖方式：带土球； 5. 养护期：一年	株	5			
8	050102001006	栽植乔木	1. 种类：二乔玉兰； 2. 高度：5cm； 3. 冠径：300～350cm； 4. 起挖方式：带土球； 5. 养护期：一年	株	5			

续表

序号	项目编码	项目名称	项目特征描述	计量单位	工程量	金额（元）		
						综合单价	合价	其中 暂估价
绿化工程								
9	050102001007	栽植乔木	1. 种类：三药槟榔； 2. 胸径：3cm； 3. 高度：300～350cm； 4. 起挖方式：带土球； 5. 养护期：一年	株	3			
10	050102001008	栽植乔木	1. 种类：美国红枫拼丛； 2. 胸径：5cm； 3. 高度：400～450cm； 4. 起挖方式：带土球； 5. 养护期：一年	株	2			
11	050102001009	栽植乔木	1. 种类：碧桃拼丛； 2. 胸径：5cm； 3. 高度：400～450cm； 4. 起挖方式：带土球； 5. 养护期：一年	株	5			
12	050102001010	栽植乔木	1. 种类：四季桂； 2. 胸径：4cm； 3. 高度、冠径：高度250～300cm，冠径300～350cm； 4. 起挖方式：带土球； 5. 养护期：一年	株	6			
13	050102001011	栽植乔木	1. 种类：法国冬青； 2. 胸径：4cm； 3. 高度、冠径：高度150～200cm，冠径60～160cm； 4. 起挖方式：带土球； 5. 养护期：一年	株	71			
14	050102001012	栽植乔木	1. 种类：紫薇拼丛； 2. 地径：3cm； 3. 高度、冠径：高度250～350cm，冠径200～300cm； 4. 起挖方式：带土球； 5. 养护期：一年	株	48			
15	050102002001	栽植灌木	1. 种类：红叶石楠球； 2. 冠丛高：150～200cm； 3. 蓬径：150～250cm； 4. 养护期：一年	株	3			
16	050102002002	栽植灌木	1. 种类：西洋鹃； 2. 冠丛高：高150～250cm； 3. 冠径：150～250cm； 4. 养护期：一年	m^2	35			

4 工程量清单编制综合实例

续表

序号	项目编码	项目名称	项目特征描述	计量单位	工程量	金额（元）		
						综合单价	合价	其中 暂估价
绿化工程								
17	050102002003	栽植灌木	1. 种类：茶花； 2. 冠丛高：高 250~350cm； 3. 冠径：250~350cm； 4. 养护期：一年	丛	3			
18	050102002004	栽植灌木	1. 种类：紫花翠芦莉； 2. 冠丛高：250~350cm； 3. 冠径：250~350cm； 4. 养护期：一年	丛	6			
19	050102002005	栽植灌木	1. 种类：琴叶珊瑚拼球； 2. 冠丛高：200~300cm； 3. 冠径：150~200cm； 4. 养护期：一年	丛	3			
20	050102002006	栽植灌木	1. 种类：黄金榕拼球； 2. 冠丛高：200~300cm； 3. 冠径：150~200cm； 4. 养护期：一年	丛	6			
21	050102002007	栽植灌木	1. 种类：三角梅拼丛； 2. 冠丛高：250~350cm； 3. 冠径：250~350cm； 4. 养护期：一年	丛	3			
22	050102003001	栽植竹类	1. 竹种类：细叶棕竹； 2. 竹胸径：3cm； 3. 养护期：一年	丛	6			
23	050102003002	栽植竹类	1. 竹种类：南天竹； 2. 竹胸径：3cm；高 180~250cm； 3. 养护期：一年	丛	6			
24	050102003003	栽植竹类	1. 竹种类：紫竹； 2. 竹胸径或根盘丛径； 3. 养护期	株	256			
25	050102003004	栽植竹类	1. 竹种类：佛肚竹； 2. 根盘丛径：60cm； 3. 养护期：一年	丛	1			
26	050102004001	栽植棕榈类	1. 种类：华棕； 2. 株高：400~500cm； 3. 养护期：一年	株	3			
27	050102007001	栽植色带	1. 苗木、花卉种类：黄金叶； 2. 株高或蓬径：高度 30~45cm； 3. 单位面积株数：36 株/m²； 4. 养护期：一年	m²	26			

续表

序号	项目编码	项目名称	项目特征描述	计量单位	工程量	金额（元）		
						综合单价	合价	其中
								暂估价
绿化工程								
28	050102007002	栽植色带	1. 苗木、花卉种类：亮叶朱蕉； 2. 株高：高度30～40cm； 3. 单位面积株数：16株/m²； 4. 养护期：一年	m²	28			
29	050102007003	栽植色带	1. 苗木、花卉种类：花叶鹅掌柴； 2. 株高：高度30～40cm； 3. 单位面积株数：12株/m²； 4. 养护期：一年	m²	13			
30	050102007004	栽植色带	1. 苗木、花卉种类：八角金盘； 2. 株高或蓬径：高度30～40cm； 3. 单位面积株数：21株/m²； 4. 养护期：一年	m²	21			
31	050102007005	栽植色带	1. 苗木、花卉种类：毛杜鹃； 2. 株高或蓬径：高度30～40cm； 3. 单位面积株数：15株/m²； 4. 养护期：一年	m²	58			
32	050102007006	栽植色带	1. 苗木、花卉种类：山丹； 2. 株高：高25～35cm； 3. 单位面积株数：36株/m²； 4. 养护期：一年	m²	43			
33	050102012001	铺种草皮	1. 草皮种类：马尼拉草； 2. 铺种方式：满铺； 3. 养护期：一年	m²	256			
园路工程								
34	050201001001	园路	1. 路床土石类别； 2. 垫层厚度、宽度、材料种类； 3. 路面厚度、宽度、材料种类； 4. 砂浆强度等级	m²	127.50			
35	050201001002	园路	1. 路床土石类别：素土夯实； 2. 垫层厚度、宽度、材料种类：120mm厚，宽度1.5m，碎石粉加7%水泥，1∶3水泥砂浆； 3. 路面厚度、宽度、材料种类：厚度53mm，宽度0.24m，120×240×53非黏土烧结（市政砖）	m²	60			
园林景观工程								
36	050301005001	置石	1. 石料种类：太湖石； 2. 石料规格、重量：0.8×0.6×0.5（长×宽×高）； 3. 砂浆配合比：M7.5	块	12			

续表

序号	项目编码	项目名称	项目特征描述	计量单位	工程量	金额（元）		
						综合单价	合价	其中 暂估价
园林景观工程								
37	050305006001	石桌石凳	建设单位自行选型、采购，施工单位安装（一桌四椅）	套	2			
38	050305006002	石凳	1. 石材种类：米色花岗石； 2. 基础形状、尺寸、埋设深度：杯形独立基础，直径0.3m，埋深0.95m； 3. 凳面尺寸、支墩高度：凳面宽度0.4m、厚度0.1m、长度6m，支墩高度0.3m； 4. 混凝土强度等级：C15	个	1			
39	050305006003	石凳	1. 石材种类：米色花岗石； 2. 基础形状、尺寸、埋设深度：杯形独立基础，直径0.5m，埋深0.6m； 3. 凳面尺寸、支墩高度：凳面直径0.3m，鼓形； 4. 混凝土强度等级：C15	个	2			
40	050305006004	石凳	1. 石材种类：灰色麻点花岗石； 2. 基础形状、尺寸、埋设深度：矩形，0.6m×0.5m，埋深0.3m； 3. 凳面尺寸、支墩高度：凳面40mm厚100mm宽木板@150mm，支墩高度0.36m； 4. 混凝土强度等级：C15	个	2			
41	050307006001	铁艺栏杆	1. 铁艺栏杆高度：1.05m； 2. 铁艺栏杆单位长度重量：12kg/m	m	128			

4.4 实例 4-4

1. 背景资料

某办公楼屋顶绿化面积520m²，整体为长方形，长轴南北向，短轴东西向；女儿墙高1.6m；上人屋面活动荷载为150kg/m²，种植平屋面构造做法，如图4-31所示。

（1）在女儿墙内加设高1.8m的金属护网，采用攀缘植物（月季）进行遮挡。

（2）结合梁柱的位置布局，在墙梁等承重能力较强的范围，砌筑固定种植池、堆塑微地形，局部增加基质层厚度，为灌木及小乔木的选择提供基础条件，拓展植物选择范围。

（3）为保证花园的四季景观效果，选用造型油松等常绿乔木，苗木在挑选时严格控制体量，高度不超过2m。栽植的苗木如表4-11所示。

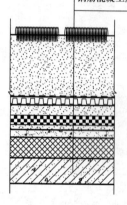

图 4-31 种植平屋面构造做法

植物一览表　　　　　　　　　　　　表 4-11

编号	植物名称	规　格	数量和单位
1	造型油松	120～150cm	1 株
2	小龙柏	120～150cm	1 株
3	花石榴	150～180cm	1 株
4	紫叶矮樱	120～150cm	9 株
5	丛生紫薇	100～120cm	12 株
6	黄栌	120～150cm	3 株
7	西府海棠	120～150cm	3 株
8	宝石海棠	120～180cm	2 株
9	平枝栒子	60～80cm	2 株
10	红瑞木	100～120cm	6 株
11	棣棠	100～120cm	7 株
12	木槿	120～150cm	9 株
13	金叶女贞	60～80cm，26 株/m²	120 株
14	金焰绣线菊	40～60cm，20 株/m²	215 株
15	矮紫薇	60～80cm，12 株/m²	160 株
16	大花醉鱼草	30～60cm，36 株/m²	260 株

续表

编号	植物名称	规 格	数量和单位
17	大叶黄杨球	50～80cm，6株/m²	18株
18	金叶连翘	40～60cm，36株/m²	230株
19	紫藤	地径3cm，3株/m²	30株
20	常春藤	地径3cm，3株/m²	40株
21	丰花月季	20～30cm，10株/m²	230株
22	藤本月季	地径1cm，6株/m²	260株
23	金娃娃萱草	20～30cm，20株/m²	180株
24	荷兰菊	40～60cm，15株/m²	50m²
25	鸢尾	20～30cm，45株/m²	80m²
26	皱叶剪秋萝	40～60cm，25株/m²	150株
27	花叶玉簪	20～40cm，35株/m²	12m²
28	小菊	15～20cm，45株/m²	35m²
29	迎春花	35～60cm，25株/m²	180株
30	八宝景天	25～50cm，36株/m²	8m²
31	三七景天	25～50cm，36株/m²	12m²
32	德景天	15～20cm，46株/m²	8m²
33	佛甲草	15～20cm，36株/m²	45m²
34	黑麦草	铺草卷	130m²

2. 问题

根据以上背景资料及现行国家标准《建设工程工程量清单计价规范》GB 50500—2013、《园林绿化工程工程量计算规范》GB 50858—2013，试列出该屋顶花园绿化工程的分部分项工程量清单。

3. 参考答案（表4-12和表4-13）

清单工程量计算表　　　　　　　　　　　　　　　表4-12

工程名称：某园林绿化工程

序号	项目编码	清单项目名称	计算式	工程量合计	计量单位
1	050101012001	屋顶花园基底处理		520	m²
2	050102001001	栽植乔木		1	株
3	050102001002	栽植乔木		1	株
4	050102001003	栽植乔木		1	株
5	050102002001	栽植灌木		9	株
6	050102002002	栽植灌木	题目给定	12	株
7	050102002003	栽植灌木		3	株
8	050102002004	栽植灌木		3	株
9	050102002005	栽植灌木		2	株
10	050102002006	栽植灌木		2	株
11	050102002007	栽植灌木		6	株
12	050102002008	栽植灌木		7	株
13	050102002009	栽植灌木		9	株

续表

序号	项目编码	清单项目名称	计算式	工程量合计	计量单位
14	050102002010	栽植灌木		18	株
15	050102007001	栽植色带		120	株
16	050102007002	栽植色带		215	株
17	050102007003	栽植色带		190	株
18	050102007004	栽植色带		260	株
19	050102007005	栽植色带		230	株
20	050102007006	栽植色带		12	m²
21	050102007007	栽植色带		12	m²
22	050102007008	栽植色带		8	m²
23	050102006001	栽植攀缘植物	题目给定	30	株
24	050102006002	栽植攀缘植物		40	株
25	050102006003	栽植攀缘植物		260	株
26	050102008001	栽植花卉		230	株
27	050102008002	栽植花卉		180	株
28	050102008003	栽植花卉		150	株
29	050102008004	栽植花卉		180	株
30	050102008005	栽植花卉		50	m²
31	050102008006	栽植花卉		80	m²
32	050102008007	栽植花卉		35	m²
33	050102008008	栽植花卉		8	m²
34	050102008009	栽植花卉		45	m²
35	050102012001	铺种草皮		130	m²

分部分项工程和单价措施项目清单与计价表　　　　表 4-13

工程名称：某园林绿化工程

序号	项目编码	项目名称	项目特征描述	计量单位	工程量	金额（元）		
						综合单价	合价	其中暂估价
1	050101012001	屋顶花园基底处理	1. 找平层厚度、砂浆种类、强度等级：20mm 厚 1∶3 水泥砂浆； 2. 防水层种类、做法：耐根穿刺复合防水层； 3. 排水层厚度、材质：30mm 高凹凸型排（蓄）水板； 4. 过滤层厚度、材质：260g/m² 无纺布； 5. 回填轻质土厚度、种类：450mm 厚种植土； 6. 屋面高度：27m； 7. 阻根层厚度、材质、做法：耐根穿刺复合防水层	m²	520			
2	050102001001	栽植乔木	1. 种类：造型油松； 2. 株高：120～150cm； 3. 养护期：一年	株	1			

续表

序号	项目编码	项目名称	项目特征描述	计量单位	工程量	金额（元）		
						综合单价	合价	其中暂估价
3	050102001002	栽植乔木	1. 种类：小龙柏； 2. 株高：120～150cm； 3. 养护期：一年	株	1			
4	050102001003	栽植乔木	1. 种类：花石榴； 2. 株高：120～150cm； 3. 养护期：一年	株	1			
5	050102002001	栽植灌木	1. 种类：紫叶矮樱； 2. 冠丛高：120～150cm； 3. 养护期：一年	株	9			
6	050102002002	栽植灌木	1. 种类：丛生紫薇； 2. 冠丛高：100～120cm； 3. 养护期：一年	株	12			
7	050102002003	栽植灌木	1. 种类：黄栌； 2. 冠丛高：120～150cm； 3. 养护期：一年	株	3			
8	050102002004	栽植灌木	1. 种类：西府海棠； 2. 冠丛高：120～150cm； 3. 养护期：一年	株	3			
9	050102002005	栽植灌木	1. 种类：宝石海棠； 2. 冠丛高：120～180cm； 3. 养护期：一年	株	2			
10	050102002006	栽植灌木	1. 种类：平枝枸子； 2. 冠丛高：60～80cm； 3. 养护期：一年	株	2			
11	050102002007	栽植灌木	1. 种类：红瑞木； 2. 冠丛高：100～120cm； 3. 养护期：一年	株	6			
12	050102002008	栽植灌木	1. 种类：棣棠； 2. 冠丛高：100～120cm； 3. 养护期：一年	株	7			
13	050102002009	栽植灌木	1. 种类：木槿； 2. 冠丛高：100～120cm； 3. 养护期：一年	株	9			
14	050102002010	栽植灌木	1. 种类：大叶黄杨球； 2. 冠丛高：50～80cm； 3. 养护期：一年	株	18			
15	050102007001	栽植色带	1. 苗木种类：金叶女贞； 2. 株高：60～80cm； 3. 单位面积株数：26株/m²； 4. 养护期：一年	株	120			
16	050102007002	栽植色带	1. 苗木种类：金焰绣线菊； 2. 株高：40～60cm； 3. 单位面积株数：20株/m²； 4. 养护期：一年	株	215			

续表

序号	项目编码	项目名称	项目特征描述	计量单位	工程量	金额(元)		
						综合单价	合价	其中暂估价
17	050102007003	栽植色带	1. 苗木种类：矮紫薇； 2. 株高：60～80cm； 3. 单位面积株数：12株/m²； 4. 养护期：一年	株	190			
18	050102007004	栽植色带	1. 苗木种类：大花醉鱼草； 2. 株高：30～60cm； 3. 单位面积株数：36株/m²； 4. 养护期：一年	株	260			
19	050102007005	栽植色带	1. 苗木种类：金叶连翘； 2. 株高：40～60cm； 3. 单位面积株数：36株/m²； 4. 养护期：一年	株	230			
20	050102007006	栽植色带	1. 苗木种类：花叶玉簪； 2. 株高：40～60cm； 3. 单位面积株数：35株/m²； 4. 养护期：一年	m²	12			
21	050102007007	栽植色带	1. 苗木种类：三七景天； 2. 株高：25～50cm； 3. 单位面积株数：36株/m²； 4. 养护期：一年	m²	12			
22	050102007008	栽植色带	1. 苗木种类：德景天； 2. 株高：15～20cm； 3. 单位面积株数：46株/m²； 4. 养护期：一年	m²	8			
23	050102006001	栽植攀缘植物	1. 植物种类：紫藤； 2. 地径：3cm； 3. 单位长度株数：3株/m²； 4. 养护期：一年	株	30			
24	050102006002	栽植攀缘植物	1. 植物种类：常春藤； 2. 地径：3cm； 3. 单位长度株数：3株/m²； 4. 养护期：一年	株	40			
25	050102006003	栽植攀缘植物	1. 植物种类：藤本月季； 2. 地径：1cm； 3. 单位长度株数：6株/m²； 4. 养护期：一年	株	260			
26	050102008001	栽植花卉	1. 花卉种类：丰花月季； 2. 株高：20～30cm； 3. 单位面积株数：10株/m²； 4. 养护期：一年	株	230			
27	050102008002	栽植花卉	1. 花卉种类：金娃娃萱草； 2. 株高：20～30cm； 3. 单位面积株数：20株/m²； 4. 养护期：一年	株	180			

续表

序号	项目编码	项目名称	项目特征描述	计量单位	工程量	金额（元）		
						综合单价	合价	其中 暂估价
28	050102008003	栽植花卉	1. 花卉种类：皱叶剪秋萝； 2. 株高：40～60cm； 3. 单位面积株数：25株/m²； 4. 养护期：一年	株	150			
29	050102008004	栽植花卉	1. 花卉种类：迎春花； 2. 株高：35～60cm； 3. 单位面积株数：25株/m²； 4. 养护期：一年	株	180			
30	050102008005	栽植花卉	1. 花卉种类：荷兰菊； 2. 株高：40～60cm； 3. 单位面积株数：15株/m²； 4. 养护期：一年	m²	50			
31	050102008006	栽植花卉	1. 花卉种类：鸢尾； 2. 株高：20～30cm； 3. 单位面积株数：45株/m²； 4. 养护期：一年	m²	80			
32	050102008007	栽植花卉	1. 花卉种类：小菊； 2. 株高：15～20cm； 3. 单位面积株数：36株/m²； 4. 养护期：一年	m²	35			
33	050102008008	栽植花卉	1. 花卉种类：八宝景天； 2. 株高：25～50cm； 3. 单位面积株数：36株/m²； 4. 养护期：一年	m²	8			
34	050102008009	栽植花卉	1. 花卉种类：佛甲草； 2. 株高：10～20cm； 3. 单位面积株数：36株/m²； 4. 养护期：一年	m²	45			
35	050102012001	铺种草皮	1. 草皮种类：黑麦草； 2. 铺种方式：铺草卷； 3. 养护期：一年	m²	130			

4.5 实例 4-5

1. 背景资料

某新建公园栽植苗木，如表 4-14 所示。园路及园林景观工程项目的规格和数量如表 4-15 所示，其中围墙绿化、木桩驳岸及茅草亭如图 4-32～图 4-42 所示。

计算说明：

（1）苗木、园路及园林景观工程按表 4-14 和表 4-15 中给定的条件列项。

(2) 银杏和香樟需列出相关的措施项目。

(3) 所有植物养护期为一年。

苗 木 表　　　　　　表 4-14

序号	苗木名称	规格	单位	数量	备注
1	银杏	胸径 8~12cm	株	5	栽植土球，草绳绕树干高度 1.8m，树棍桩三脚撑，树棍小径平均为 6cm，单株用料 3.5m
2	香樟	胸径 10~20cm	株	35	栽植土球，草绳绕树干高度 1.8m，树棍桩三脚撑，树棍小径平均为 6cm，单株用料 4.5m
3	杨梅	胸径 6~10cm	株	20	ϕ8cm 土球栽植
4	桂花	胸径 8~10cm	株	15	ϕ80cm 土球栽植
5	樱花	胸径 5~7cm	株	20	ϕ60cm 土球栽植
6	红叶李	胸径 4~5cm	株	25	ϕ40cm 土球栽植
7	冬青	胸径 6~10cm	m	150	双排
8	茶花	高 80~100cm，冠径 80~100cm	株	25	ϕ40cm 土球栽植
9	含笑	高 80~100cm，冠径 80~100cm	株	20	ϕ70cm 土球栽植
10	苏铁	高 100~120cm	株	10	ϕ80cm 土球直径
11	春鹃	冠径 20~30cm	m²	260	36 株/m²，成片栽植，原土过筛
12	比利时杜鹃	冠径 20~30cm	m²	310	36 株/m²，成片栽植，原土过筛
13	金叶女贞	冠径 25~35cm	m²	280	36 株/m²，成片栽植，原土过筛
14	罗汉松	冠径 25~35cm	m²	80	26 株/m²，成片栽植，原土过筛
15	海栀子	冠径 25~35cm	m²	380	26 株/m²，成片栽植，原土过筛
16	常春藤	地径 2~5cm	m²	214	
17	绿篱	高 135cm，木槿	m	120	高度 135cm，36 株/m²，双排
18	马尼拉草	点植	m²	25	
19	马尼拉草皮	密铺	m²	2430	

小区园路和景观工程项目　　　　　　表 4-15

序号	项目名称	规格	单位	数量	备注
1	堆砌假山	高 6.8m	t	1560	黄石，C25 混凝土，M7.5 水泥砂浆 150 厚碎石垫层，100 厚 C15 混凝土垫层，200 厚 C25 钢筋混凝土假山基础底板
2	点风景石		块	5	平基
3	卵石路面	1.5m 宽	m²	120	8cm 厚卵石面层； 8cm 厚 C20 混凝土； 3cm 厚细石混凝土找平层； 15cm 厚块石垫层； 素土夯实； 整理路床
4	嵌草砖铺地	250mm×190mm，60mm 厚，青色	m²	360	嵌草砖内嵌草，缝宽 10cm 以内，种植土回填厚度 5cm； 预制混凝土草坪砖，厚度 6cm； 粗砂垫层 C10，厚度 20cm； 原土夯实； 整理路床

续表

序号	项目名称	规格	单位	数量	备注
5	绿化围墙	墙高1.5m，墙宽0.4m	m	1530	常春藤，20m，预制花槽C15钢筋混凝土，种植土厚45cm
6	树箱	2.09m×0.69m	个	6	5mm铝板，金叶女贞120～150cm、白三叶15～25cm，种植土，咖啡色漆
7	木桩驳岸	φ150杉木桩，长2m	根	680	入土部分涂刷沥青
8	草亭	4.35m高，6柱	m²	16.62	草亭面，坡度1∶1.15，80mm厚茅草

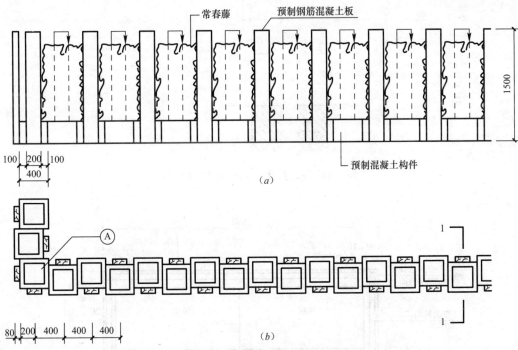

图4-32 绿化围墙立面及平面图
(a)立面；(b)平面

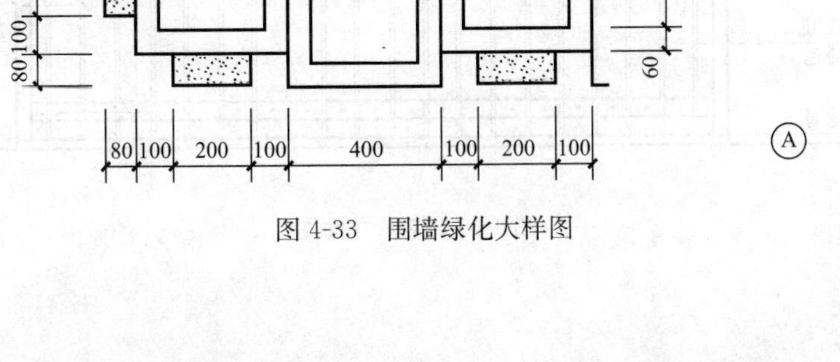

图4-33 围墙绿化大样图

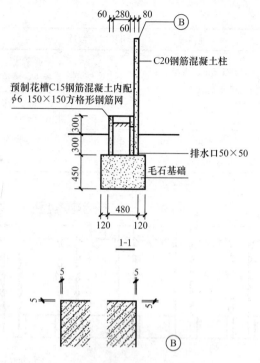

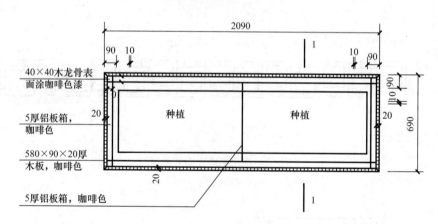

图 4-34 围墙绿化 1-1 剖面图及大样图

图 4-35 树箱平面图

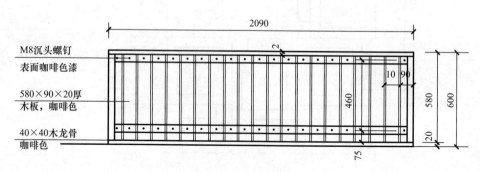

图 4-36 树箱立面图

4 工程量清单编制综合实例

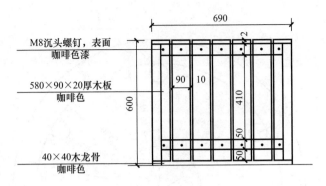

图 4-37 树箱侧立面图

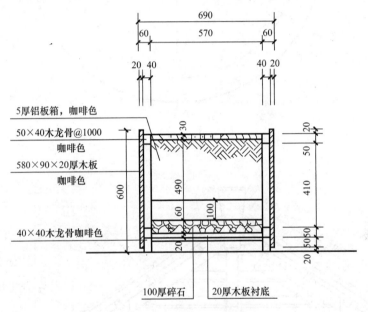

图 4-38 树箱 1-1 剖面图

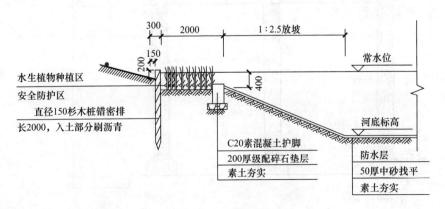

图 4-39 木桩驳岸

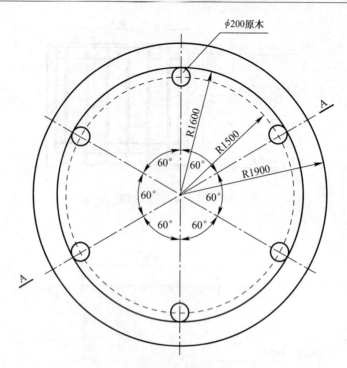

图 4-40 草亭平面图

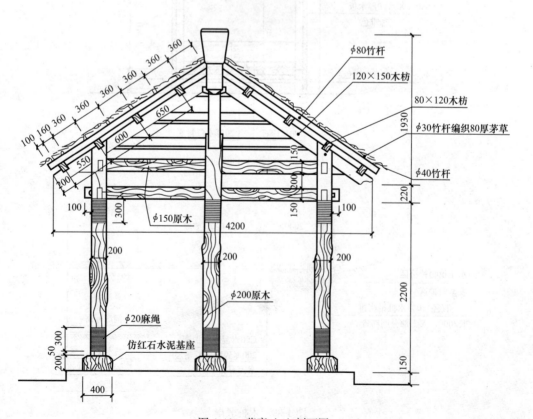

图 4-41 草亭 A-A 剖面图

4 工程量清单编制综合实例

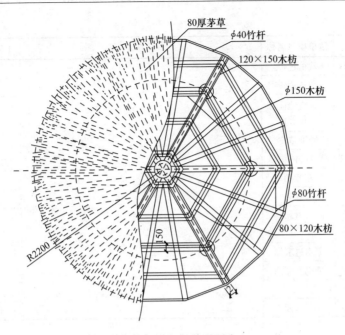

图 4-42 草亭顶平面图

说明：1.木梁搭接均以木榫连接；2.所有木材为红杉木，原木要求外观朴素自然，保留树干自然形状，不刨光；
3.木构件均经防火、防腐处理，保持原色，刷浅棕色聚酯清漆两遍

2. 问题

根据以上背景资料及现行国家标准《建设工程工程量清单计价规范》GB 50500—2013、《园林绿化工程工程量计算规范》GB 50858—2013，试列出该公园要求计算项目的分部分项工程量清单。

3. 参考答案（表 4-16 和表 4-17）

清单工程量计算表 表 4-16

工程名称：某园林绿化工程

序号	项目编码	清单项目名称	计算式	工程量合计	计量单位
1	050102001001	栽植乔木	题目给定	5	株
2	050102001002	栽植乔木		35	株
3	050102001003	栽植乔木		20	株
4	050102001004	栽植乔木		15	株
5	050102001005	栽植乔木		20	株
6	050102001006	栽植乔木		25	株
7	050102001007	栽植乔木	题目给定	150	株
8	050102002001	栽植灌木		25	株
9	050102002002	栽植灌木		20	株
10	050102002003	栽植灌木		10	株
11	050102005001	栽植绿篱		120	m
12	050102007001	栽植色带		260	m²
13	050102007002	栽植色带		310	m²
14	050102007003	栽植色带		280	m²

续表

序号	项目编码	清单项目名称	计算式	工程量合计	计量单位
15	050102007004	栽植色带		80	m²
16	050102007005	栽植色带		380	m²
17	050102010001	垂直墙体绿化种植		1530	m
18	050102012001	铺种草皮		2430	m²
19	050102014001	植草砖内植草		25	m²
20	050102016001	箱栽植	题目给定	6	个
21	050201001001	园路		120	m²
22	050201005001	嵌草砖（格）铺装		360	m²
23	050202002001	原木桩驳岸		680	根
24	050301002001	堆砌石假山		1560	t
25	050301005001	点风景石		5	块
26	050303001001	草屋面		16.62	m²

分部分项工程和单价措施项目清单与计价表   表 4-17

工程名称：某园林绿化工程

序号	项目编码	项目名称	项目特征描述	计量单位	工程量	金额（元）		
						综合单价	合价	其中 暂估价
绿化工程								
1	050102001001	栽植乔木	1. 种类：银杏； 2. 胸径：8~12cm； 3. 养护期：一年	株	5			
2	050102001002	栽植乔木	1. 种类：香樟； 2. 胸径：10~20cm； 3. 养护期：一年	株	35			
3	050102001003	栽植乔木	1. 种类：杨梅； 2. 胸径：6~10cm； 3. 养护期：一年	株	20			
4	050102001004	栽植乔木	1. 种类：桂花； 2. 胸径：6~10cm； 3. 养护期：一年	株	15			
5	050102001005	栽植乔木	1. 种类：樱花； 2. 胸径：5~7cm； 3. 养护期：一年	株	20			
6	050102001006	栽植乔木	1. 种类：红叶李； 2. 胸径：5~7cm； 3. 养护期：一年	株	25			
7	050102001007	栽植乔木	1. 种类：冬青； 2. 胸径：6~10cm； 3. 养护期：一年	株	150			

续表

4 工程量清单编制综合实例

序号	项目编码	项目名称	项目特征描述	计量单位	工程量	金额（元）		
						综合单价	合价	其中暂估价
绿化工程								
8	050102002001	栽植灌木	1. 种类：茶花； 2. 冠丛高：80～100cm； 3. 养护期：一年	株	25			
9	050102002002	栽植灌木	1. 种类：含笑； 2. 冠丛高：80～100cm； 3. 养护期：一年	株	20			
10	050102002003	栽植灌木	1. 种类：苏铁； 2. 冠丛高：100～120cm； 3. 养护期：一年	株	10			
11	050102005001	栽植绿篱	1. 植物种类：木槿； 2. 篱高：135cm； 3. 行数：双行； 4. 单位面积株数：36株/m^2； 5. 养护期：养护期一年	m	120			
12	050102007001	栽植色带	1. 苗木种类：春鹃； 2. 蓬径：20～30cm； 3. 单位面积株数：36株/m^2； 4. 养护期：一年	m^2	260			
13	050102007002	栽植色带	1. 苗木种类：比利时杜鹃； 2. 蓬径：20～30cm； 3. 单位面积株数：36株/m^2； 4. 养护期：一年	m^2	310			
14	050102007003	栽植色带	1. 苗木种类：金叶女贞； 2. 蓬径：25～35cm； 3. 单位面积株数：36株/m^2； 4. 养护期：一年	m^2	280			
15	050102007004	栽植色带	1. 苗木种类：罗汉松； 2. 蓬径：25～35cm； 3. 单位面积株数：26株/m^2； 4. 养护期：一年	m^2	80			
16	050102007005	栽植色带	1. 苗木种类：海栀子； 2. 蓬径：25～35cm； 3. 单位面积株数：26株/m^2； 4. 养护期：一年	m^2	380			

续表

序号	项目编码	项目名称	项目特征描述	计量单位	工程量	金额（元）		
						综合单价	合价	其中暂估价
绿化工程								
17	050102010001	垂直墙体绿化种植	1. 植物种类：常春藤； 2. 生长年数：一年； 3. 栽植容器材质、规格：预制花槽C15钢筋混凝土，400mm×400mm×600mm，壁厚60mm； 4. 栽植基质种类、厚度：种植土，450mm； 5. 养护期：一年	m	1530			
18	050102012001	铺种草皮	1. 草皮种类：马尼拉； 2. 铺种方式：满铺； 3. 养护期：一年	m²	2430			
19	050102014001	植草砖内植草	1. 草坪种类：马尼拉草； 2. 养护期：一年	m²	25			
20	050102016001	箱栽植	1. 箱体材料品种：铝板； 2. 箱外型尺寸：2.09m×0.69m； 3. 栽植植物种类、规格：金叶女贞120～150cm、白三叶15～25cm； 4. 土质要求：种植土； 5. 防护材料种类：咖啡色漆； 6. 养护期：一年	个	6			
园路、园桥工程								
21	050201001001	园路	1. 路床土石类别：素土； 2. 垫层厚度、材料种类：8cm厚C20混凝土，3cm厚细石混凝土找平层，15cm厚块石垫层； 3. 路面厚度、材料种类：8cm厚卵石面层	m²	120			
22	050201005001	嵌草砖（格）铺装	1. 垫层厚度：20cm； 2. 铺设方式：按设计要求； 3. 嵌草砖（格）品种、规格、颜色：预制混凝土草坪砖，6cm厚，250mm×190mm，青色； 4. 镂空部分填土要求：5cm种植土	m²	360			
23	050202002001	原木桩驳岸	1. 木材种类：杉木桩； 2. 桩直径：φ150； 3. 桩单根长度：2.0m； 4. 防护材料种类：入土部分涂刷沥青	根	680			

续表

序号	项目编码	项目名称	项目特征描述	计量单位	工程量	金额（元）		
						综合单价	合价	其中 暂估价
园林景观工程									
24	050301002001	堆砌石假山	1. 堆砌高度：6.8m； 2. 石料种类：黄石； 3. 混凝土强度等级：C25； 4. 砂浆强度等级、配合比：M7.5水泥砂浆； 5. 150厚碎石垫层，100厚C15混凝土垫层，200厚C25钢筋混凝土假山基础底板	t	1560			
25	050301005001	点风景石	1. 石料种类：太湖石； 2. 石料规格：0.6~1.5t； 3. 砂浆配合比：M7.5水泥砂浆	块	5			
26	050303001001	草屋面	1. 屋面坡度：1∶1.15； 2. 铺草种类：80厚茅草	m²	16.62			
措施项目									
27	050403001001	树木支撑架	1. 支撑类型、材质：树棍桩三脚撑； 2. 支撑材料规格：小径平均为6cm； 3. 单株支撑材料数量：3.5m	株	5			
28	050403001001	树木支撑架	1. 支撑类型、材质：树棍桩三脚撑； 2. 支撑材料规格：小径平均为6cm； 3. 单株支撑材料数量：4.5m	株	35			
29	050403002001	草绳绕树干	1. 胸径：8~12cm； 2. 草绳所绕树干高度：1.8m	株	5			
30	050403002001	草绳绕树干	1. 胸径：10~20cm； 2. 草绳所绕树干高度：1.8m	株	35			

参 考 文 献

[1] 中华人民共和国国家标准. 建设工程工程量清单计价规范 GB 50500—2013 [S]. 北京：中国计划出版社，2013.
[2] 中华人民共和国国家标准. 建设工程工程量清单计价规范 GB 50500—2008 [S]. 北京：中国计划出版社，2008.
[3] 中华人民共和国国家标准. 园林绿化工程工程量计算规范 GB 50858—2013 [S]. 北京：中国计划出版社，2013.
[4] 规范编制组编. 2013 建设工程计价计量规范辅导 [M]. 北京：中国计划出版社，2013.